BIM 思维与技术丛书

BIM 改变了什么——BIM + 工程造价

主　编　张国华

副主编　商大勇

参　编　杨晓方　　孙兴雷　　徐树峰　　马立棉
　　　　邓　海　　梁　燕　　张　英　　孙　丹
　　　　刘彦林　　贺太全　　张计锋　　毛新林
　　　　万雷亮

U0218701

机械工业出版社
CHINA MACHINE PRESS

BIM 技术在工程造价管理中可全面提升工程造价行业效率与信息化管理水平，优化管理流程，高效率、高精准度地完成工程量计算工作，有利于加强全过程成本控制，做好设计变更应对，方便历史数据的积累和共享，对于建筑项目造价管理工作而言有诸多优越性，因此，BIM 技术在造价中的应用越来越得到重视和普及。

本书从 BIM 工程项目造价基本模式讲起，内容包括 BIM 造价模型设置、BIM 技术建模法算量、基于 BIM 技术的 Revit 算量、广联达算量及计价等内容。书中讲解时以 BIM 技术造价理论为基础，同时联系实际工程项目情况说明，图文结合，通俗易懂，以便从事造价工作的人员能读有所获，学有所用。

本书适合造价咨询人员、项目工程材料算量人员、组价人员、合同管理人员、工程项目管理人员、工程总承包管理人员、工程项目施工人员、BIM 培训机构学员以及在校大中专造价专业的师生阅读使用。

图书在版编目（CIP）数据

BIM 改变了什么：BIM + 工程造价/张国华主编 . —北京：机械工业出版社，2019.1
（BIM 思维与技术丛书）
ISBN 978-7-111-61415-9

Ⅰ . ①B… Ⅱ . ①张… Ⅲ . ①建筑工程 – 工程造价 – 应用软件 Ⅳ . ①TU723. 32-39

中国版本图书馆 CIP 数据核字（2018）第 261190 号

机械工业出版社（北京市百万庄大街 22 号 邮政编码 100037）
策划编辑：薛俊高 责任编辑：薛俊高 于伟蓉
责任校对：刘时光 责任印制：孙 炜
北京中兴印刷有限公司印刷
2019 年 1 月第 1 版第 1 次印刷
184mm×260mm · 13.5 印张 · 329 千字
标准书号：ISBN 978-7-111-61415-9
定价：45.00 元

前　言

　　BIM 技术是通过创建多维建筑模型，即时共享模型中的信息，实现建设项目设计、建造和运维管理过程的无缝对接，建设各方信息资源动态共享，达到项目周期全过程手段和方法上的信息化。它是建筑物的数字化集合的表示，支持工程项目建设全过程的各种运算，且包含的工程信息都是互相关联的。

　　传统工程造价存在着数据共享协同与积累困难、造价数据分析功能弱、造价信息不精确等诸多问题，往往给工程造成了大量的人力物力浪费。随着 BIM 技术在我国的不断发展与深入，除了从早期的设计阶段向施工阶段等纵深发展之外，BIM 技术也从建筑、结构、水暖电等专业向着造价方面横向扩展，计算准确度高。将传统造价系统导入 BIM 技术之后，造价人员只需要根据不同项目、不同地点的工程量计算规定及手册，在 BIM 软件中添加相应参数，调整计算规则，基于 BIM 的造价系统就会自动计算构件的数量、单价等信息。工程造价计算引入 BIM 后，更加准确与快速，摆脱了传统人工计算的冗繁工作，降低了工作量，提高了工作效率，减少了人为失误。

　　BIM 技术无论是从成本、时间还是效率方面，都大大地促进了工程造价计算效益的提升。BIM 技术的应用改变了工程造价管理中计算的复杂性，节约了人力物力与时间，让造价工程师可更好地投入到高价值的工作中，大量减少了计算工作量，将更多的精力和时间放在组价和合同管理问题上，以及做好风险评估与询价工作，编制精度更高的预算工作上，为造价师的发展提供了更宽、更大的空间。

　　相比传统工程造价管理而言，BIM 技术的应用可谓是对工程造价的一次颠覆性革命，具有不可比拟的优势。它在全面提升工程造价行业效率与信息化管理水平、优化管理流程方面，具有显著的应用优势。

　　BIM 技术的应用使得繁琐复杂耗时耗力的工程量计算可以高效地完成，具有精准度高、效率高的特点，使工程造价管理的核心转变为全过程造价控制。BIM 技术对造价行业具有极大的推动作用，能够将繁重、重复、机械的算量工作交给机器去做，减少繁琐的工程量计算。BIM 对工程造价人员的能力与素质提出了更高的要求，对于建筑工程全面管理具有积极意义。

　　本书针对当下 BIM 技术在建设行业的发展情况，用图文的形式讲解了 BIM 技术在工程项目算量及计价中的应用，并用案例加以说明，对运用 BIM 技术建设的实际工程项目有参考和指导意义，对传统工程造价项目的造价工作具有借鉴和引领价值。

　　本书在编写过程中得到了众多相关专家、学者的建议和意见，也参考了大量行业案例和资料，在此一并表示感谢！

编　者

目 录

前言

第一章　BIM 工程项目造价简介 ……………………………………………… 1
　第一节　BIM 项目工程算量及造价的关系 ……………………………………… 1
　　一、BIM 技术简介 ……………………………………………………………… 1
　　二、工程造价 …………………………………………………………………… 1
　　三、工程造价引入 BIM 技术的必要性 ……………………………………… 2
　第二节　建设工程项目成本核算存在的问题 ………………………………… 3
　　一、传统工程项目成本核算的客观问题及局限 ……………………………… 3
　　二、我国当前工程造价管理中存在的主要问题 ……………………………… 3
　第三节　利用 BIM 技术进行造价的作用 ……………………………………… 4
　　一、提升工程量计算准确性与效率 …………………………………………… 4
　　二、加强全过程成本控制 ……………………………………………………… 5
　　三、控制设计变更 ……………………………………………………………… 5
　　四、有利于项目全过程造价管理 ……………………………………………… 5
　　五、BIM 技术能够保证资源更加地系统化 …………………………………… 6
　第四节　BIM 或将改变工程造价模式 ………………………………………… 6
　第五节　BIM 技术工程算量基本流程及模式 ………………………………… 7
　　一、项目工程量计算基本情况 ………………………………………………… 7
　　二、BIM 技术工程算量基本步骤 ……………………………………………… 10

第二章　模型设置 ……………………………………………………………… 12
　第一节　算量模式设置 ………………………………………………………… 12
　第二节　楼层相关信息设置 …………………………………………………… 16
　第三节　映射及构件类别选择及设置 ………………………………………… 17
　　一、模型映射概念 ……………………………………………………………… 17
　　二、构件选择 …………………………………………………………………… 17
　　三、构件类别设置 ……………………………………………………………… 18
　第四节　材料设置 ……………………………………………………………… 20
　　一、混凝土材料设置 …………………………………………………………… 20
　　二、砌体材料设置 ……………………………………………………………… 21

第五节　工程特征设置 ……………………………………………………… 23

第三章　BIM 技术建模法算量 ……………………………………………… 24

第一节　模型创建 …………………………………………………………… 24

　　一、算量模型创建的标准和原则 ………………………………………… 24

　　二、算量模型创建基本设置 ……………………………………………… 24

　　三、基础算量模型创建 …………………………………………………… 25

　　四、墙柱算量模型创建 …………………………………………………… 31

　　五、门窗算量模型创建 …………………………………………………… 34

　　六、建筑楼板算量模型创建 ……………………………………………… 35

　　七、屋顶算量模型创建 …………………………………………………… 35

　　八、楼板坡道算量模型创建 ……………………………………………… 38

　　九、楼梯坡道模型创建 …………………………………………………… 39

　　十、暖通模型创建 ………………………………………………………… 43

　　十一、BIM 给水排水系统模型创建 ……………………………………… 46

　　十二、机电设备算量模型创建 …………………………………………… 58

第二节　BIM 工程算量模型整合 …………………………………………… 62

　　一、整合基本原则 ………………………………………………………… 62

　　二、链接原理 ……………………………………………………………… 62

　　三、整合方法步骤与操作 ………………………………………………… 63

　　四、BIM 工程算量模型合并与碰撞检测 ………………………………… 74

　　五、BIM 工程算量模型整合明细表 ……………………………………… 81

　　六、协同共享 ……………………………………………………………… 84

第三节　算量模型协同共享文件创建 ……………………………………… 85

　　一、创建及编辑协同共享文件 …………………………………………… 85

　　二、创建本地文件 ………………………………………………………… 87

　　三、协同共享文件保存 …………………………………………………… 90

　　四、维护和返回工作共享文件 …………………………………………… 92

第四节　创建补充构件 ……………………………………………………… 93

　　一、构件大类与小类 ……………………………………………………… 93

　　二、补充构件属性定义 …………………………………………………… 93

　　三、自定义断面 …………………………………………………………… 97

　　四、计算设置 ……………………………………………………………… 98

　　五、补设垫层 ……………………………………………………………… 99

　　六、补设圈梁 ……………………………………………………………… 99

　　七、布设构造柱 …………………………………………………………… 100

　　八、补设过梁 ……………………………………………………………… 101

　　九、补充压顶 ……………………………………………………………… 102

　　十、布置脚手架 …………………………………………………………… 103

十一、补设建筑面积 ……………………………………………………… 105

十二、补设砖模 …………………………………………………………… 107

十三、补设外墙装饰 ……………………………………………………… 108

第五节 钢筋工程量布设 …………………………………………………… 109

一、基础钢筋布设 ………………………………………………………… 109

二、基础梁钢筋布设 ……………………………………………………… 111

三、柱钢筋布设 …………………………………………………………… 111

四、梁钢筋布设 …………………………………………………………… 113

五、过梁 …………………………………………………………………… 113

六、混凝土墙 ……………………………………………………………… 113

七、砌体墙拉结筋 ………………………………………………………… 113

八、板 ……………………………………………………………………… 114

九、每一楼层钢筋工程量布设 …………………………………………… 115

十、钢筋量分析 …………………………………………………………… 116

第六节 算量套用及统计 …………………………………………………… 117

一、算量套用 ……………………………………………………………… 117

二、自动套用 ……………………………………………………………… 121

第四章 基于 BIM 技术的 Revit 算量 ……………………………………… 129

第一节 工程项目材料明细表处理 ………………………………………… 129

第二节 工程项目材料用量统计 …………………………………………… 140

第三节 材质提取 …………………………………………………………… 147

第五章 广联达算量及计价 ………………………………………………… 150

第一节 工程项目模型导入广联达模式 …………………………………… 150

第二节 基于 BIM 基础工程量计算 ………………………………………… 155

一、基础及垫层工程量计算 ……………………………………………… 155

二、基础梁工程量计算 …………………………………………………… 160

三、土方工程量计算 ……………………………………………………… 164

第三节 基于 BIM 技术的广联达软件 ……………………………………… 167

一、柱的工程量计算 ……………………………………………………… 167

二、梁的工程量计算 ……………………………………………………… 173

三、板、墙的工程量计算 ………………………………………………… 181

四、门窗、洞口工程量计算 ……………………………………………… 190

五、平整场地工程量计算 ………………………………………………… 193

第四节 基于 BIM 技术的广联达工程项目计价 …………………………… 195

附录 工程项目工程量计算要点 …………………………………………… 201

参考文献 …………………………………………………………………… 209

第一章 BIM 工程项目造价简介

第一节 BIM 项目工程算量及造价的关系

一、BIM 技术简介

BIM 技术是一种应用于工程设计建造管理的数据化工具，它通过参数模型整合各种项目的相关信息，在项目策划、运行、维护的全生命周期过程中进行共享和传递，使工程技术人员能够对各种建筑信息做出正确理解和高效应对，为设计团队以及包括建筑运营单位在内的各方建设主体提供协同工作的基础。BIM 技术在提高生产效率、节约成本和缩短工期方面发挥重要作用。

BIM 是一个设施物理和功能特性的数字表达，BIM 是一个共享的知识资源，是一个分享有关设施（项目）的信息，它为设施从建设到拆除的全生命周期中的所有决策提供可靠依据的过程。

二、工程造价

工程造价就是指工程的建设价格，是指完成一个工程建设项目，预期或实际所需的全部费用总和。从业主（投资者）的角度来定义，工程造价是工程的建设成本，即为建设一项工程预期支付或实际支付的全部固定资产投资费用。这些费用主要包括设备及工器具购置费、建筑工程及安装工程费、工程建设其他费用、预备费、建设期利息、固定资产投资方向调节税（现已停收）。尽管这些费用在建设项目的竣工决算中，按照新的财务制度和企业会计准则核算新增资产价值时，并没有全部形成新增固定资产价值，但这些费用是完成固定资产建设所必需的。因此，从这个意义上讲，工程造价就是建设项目固定资产投资。从承发包角度来定义，工程造价是指工程价格，即为建成一个项目，预计或实际在土地、设备、技术、劳务以及承包等市场上，通过招标投标等交易方式所形成的建筑安装工程的价格和建设工程总价格。

1. 工程造价的职能

（1）工程造价的评价职能。工程造价是评价总投资和分项投资合理性及投资效益的主要依据之一。在评价土地价格建筑安装产品和设备价格的合理性时，就必须利用工程造价资料，在评价建设项目偿贷能力、获利能力和宏观效益时，也可能依据工程造价。工程造价也是评价建筑安装企业管理水平和经营成果的重要依据。

（2）调控职能。国家对建设规模、结构进行宏观调控是在任何条件下都不可或缺的，对政府投资项目进行直接调控和管理也是必需的。这些都要将工程造价作为经济杠杆，对工程建设中的物资消耗水平、建设规模、投资方向等进行调控和管理。

（3）预测职能。无论投资者或建筑者都要对拟建工程进行预先测算。投资者预先测算工程造价不仅可以作为项目决策依据，同时也可以作为筹集资金、控制造价的依据。承包商对工程造价的预算，既为投标决策提供依据，又为投标报价和成本管理提供依据。

（4）控制职能。工程造价的控制职能表现在两方面：一方面是它对投资的控制，即在投资的各个阶段，根据对造价的多次性的控制；另一方面，是它对以承包商为代表的商品和劳务供应企业的成本控制。

2. 工程造价的形式

按不同建设阶段，工程造价具有不同的形式：

（1）投资估算。投资估算是指在投资决策过程中，建设单位或建设单位委托的咨询机构根据现有的资料，采用一定的方法，对建设项目未来发生的全部费用进行预测和估算。

（2）设计概算。设计概算是指在初步设计阶段，在投资估算控制下，由设计单位根据初步设计或扩大初步设计图纸及说明、概预算定额、设备材料价格等资料，编制确定的建设项目从筹建到竣工交付生产或使用所需全部费用的经济文件。

（3）修改概算。在技术设计阶段，随着对建设规模、结构性质、设备类型等方面进行修改、变动，初步设计概算也做相应的调整，即为修改概算。

（4）施工图预算。施工图预算是指在施工图设计完成后，工程开工前，根据预算定额、费用文件计算确定建设费用的经济文件。

（5）工程结算。工程结算是指承包方按照合同约定，向建设单位办理已完工程价款的清算文件。

（6）竣工决算。竣工决算是由建设单位编制的反映建设项目实际造价文件和投资效果的文件，是竣工验收报告的重要组成部分，是基本建设项目效果的全面反映，是核定新增固定资产价值，办理其交付使用的依据。

三、工程造价引入 BIM 技术的必要性

传统的工程造价计算和统计主要是基于二维 CAD 图纸，耗时长，工作量大。在应用 BIM 技术后，可将二维 CAD 图纸创建三维 BIM 模型，基于 BIM 模型可以统计和计算构件的精准工程量，从而辅助工程造价计算。但 BIM 模型出来的工程量并不是全部工程造价的预算量或者清单量。BIM 技术有助于将造价的三维信息化，提高算量效率和精准度。

BIM 在工程造价行业的变革和应用，是现代建设工程造价信息发展的必然趋势。工程造价行业的信息化发展历经从绘图计算，到二维 CAD 绘图计算，再到现在正如火如荼的 BIM 应用的时代变迁，整个造价行业，都向精细化、规范化和信息化的方向迅猛发展。BIM 技术的应用和推广，必将对建筑业的可持续健康发展起到至关重要的作用，同时还将极大地提升整个项目管理的集中化程度，以及项目的精益化管理的集中化程度，同时减少浪费，节约成本，促进工程效益的整体提升。

我国现有的工程造价管理在决策阶段、设计阶段、交易阶段、施工阶段和竣工阶段，多采用阶段性造价管理，并非连续的全过程造价管理，致使各阶段的数据不够连续，各阶段、各专业、环节之间的协同共享存在障碍。从 BIM 技术自身的特点来看，BIM 可以提供涵盖项目全生命周期及参建各方的集成管理环境，基于统一的信息模型，进行协同共享和集成化管理；对于工程造价行业，BIM 可以使各阶段数据流通，方便实现多方协同工作，为实现全

过程、全生命周期造价管理，全要素的造价管理提供可靠的基础和依据。

造价技术有助于 BIM 的数据积累，为可持续发展奠定基础。从项目的安全生命周期或者造价的全过程来说，每个阶段都会产生 BIM 模型（即以模型为载体），每个阶段都会附加和产生各个阶段的信息和数据，在这些信息和数据之上，有了模型这个载体，数据的积累和沉淀更为方便。

同时，这些数据通过各造价系统加工、深化，能更好地提取关键指标，形成造价数据库。对于造价企业来说，数据和云计算技术可作为造价信息和造价数据的载体，BIM 又可作为云造价的载体。

第二节　建设工程项目成本核算存在的问题

一、传统工程项目成本核算的客观问题及局限

工程项目传统的核算方法有较大的局限，导致成本核算有很大的挑战性，主要表现在以下几点。

（1）涉及的部门和岗位多。当前情况下需要预算、材料、仓库、施工、财务等多部门、多岗位协同分析，汇总提供数据，进行实际成本核算后才能汇总出完整的某时点的实际成本，而这一工作往往需要一个或几个部门同时展开，否则就难以做出整个工程的成本汇总。

（2）消耗量和资金支付情况复杂。

1）在材料上，有时会先预付款未进货，有时会进了库未付款，有时出了库未用，用了又未出库。

2）人工方面，预付了工价未工作，有的先工作未付工价，工作了未确定工价。

3）机械周转、材料租赁也有类似情况。有的项目甚至未签约先干，未专业分包，事后再谈判确定费用。

4）成本项目和数据归集在没有一个强大的平台支撑情况下，不漏项做好 3 个方面（时间、空间、工序）的应对很困难，情况非常复杂。

（3）对应分解困难。一种材料、一个人工、一台机械，甚至一笔款项往往用于多个成本项目中，核算的难度非常高，要求核算人员具有超高水平的拆分分解专业技术水平。

（4）数据量大。每一个施工阶段都涉及大量材料、机械、工种、消耗和各种财务费用，数据量十分巨大，每一种人工、材料、机械和资金消耗都需要统计清楚。因此在工作量如此巨大的情况下，实行短周期（月、季）成本分析在当前管理手段下，就变成了一种奢望。随着进度进展，应付进度工作已自顾不暇，过程成本分析、优化管理就只能搁在一边。

二、我国当前工程造价管理中存在的主要问题

1. 没有完善的工程造价管理体制

在我国工程造价以往的管理体系中一直是以经济型为中心，缺乏精确的数据统计和分析，这严重阻碍了我国建筑行业的发展。尽管我国在改革开放后经常会提出一些措施对传统的造价管理体系进行修改，但由于没有相应的技术条件支撑，从而使得多次的修改并没有对

工程造价体系内容做出更加完善的更改，工程造价管理体制相对较为落后。

2. 工程造价模式缺乏准确的数据支撑

当前社会由于供求市场变化较快，各种物品的价值也随着市场的需求变化而发生相应的调整，没有一个准确的定额数据可供参考，由于我国传统的工程造价模式是以定额信息数据进行计价，所使用的信息相对较为落后，从而使得我国工程造价模式与市场脱节。同时在工程造价管理阶段，通常会通过消耗量指标来反映各地区的社会平均生产力水平，但是我国当前的造价管理机构经常会采用以往的消耗量指标，或者不区分地区直接套用一个稳定的消耗量指标，从而使得我国传统的工程造价模式中缺乏准确的数据支撑，难以反映市场经济的变化。

3. 工程造价确定方法较为落后

我国在建筑行业的直接成本计算过程中经常会套用工程概预算定额，并根据直接成本来相应的计算出工程的间接成本、利润以及整个工程的成本等数据。我国传统的工程造价作业中定额值的计算方法是通过工程量定额乘以成本投入（人工、材料等），这种确定方法存在许多的问题：

1）由于在这种计算方法时所使用的定额单价通常是以往价格，与当前市场价格存在一定的差距，从而造成预算值缺乏准确性，与实际情况存在较大的差距。

2）在计算中间接费的取费标准并不是根据不同级别来确定的相应数值，而是根据以往的统计经验确定的定值，从而无法反应各个施工企业工程造价管理水平。

4. 工程造价管理方式相对比较落后

我国社会经济的快速发展，直接推动了市场经济的发展，使得工程造价工作更加困难。我国传统的工程造价管理方式主要是忽略不同项目之间对工程造价所造成的差异，直接套用以往的工作经验，采用定额管理的模式，使得我国工程造价管理方式相对比较落后。同时在我国工程造价管理机构中没有良好的沟通联系，使得各个部门之间分割管理，对工程造价没有一个有效的管理。

5. 工程造价中没有先进技术支撑

由于当前现代化建筑中经常需要数据分析，计算程序也较为复杂，传统的工程造价管理主要是通过人工来对数据进行处理，不仅延长造价管理工作时间，耽误建筑工程周期，同时不能保证计算结果的准确性。现阶段我国在工程造价中缺乏先进技术的支撑，主要表现在以下几个方面：

1）数据分析不精确。由于当前项目建筑过程中，对建筑工程的质量越来越重视，因此这就需要在工程造价过程中能够对数据有一个精确的计算和分析，当前我国在工程造价中对数据分析的精细度不高，不能满足现代化建筑要求。

2）由于数据相对较为落后，分析精细度达不到要求，在施工过程中实际投入成本和预算之间存在较大的差距，因此整个项目易出现预算超支现象。

第三节 利用 BIM 技术进行造价的作用

一、提升工程量计算准确性与效率

工程量计算作为造价管理预算编制的基础，BIM 技术的自动算量功能可提升计算客观性与效率，还可利用三维模型对规则或不规则的构件进行准确计算，也可实时完成三维模型的实体减扣计算，无论是效率、准确率还是客观性上都有保障。BIM 技术的应用改变了工程造价管理中繁琐复杂的工程量计算，节约了人力物力与时间资源等，让造价工程师可更好地投入高价值工作中，做好风险评估与询价工程，编制精度更高的预算。利用 BIM 技术建立三维模型，可更好地完成管线冲突、日照、景观等工程量项目的分析检查与设计。

BIM 技术在造价管理方面的最大优势体现在工程量统计与核查上，三维模型建立后可自动生成具体工程数据，对比二维设计工程量报表与统计情况来看，数据偏差大量减少。造成如此差异的原因在于，二维图纸计算中跨越多张图纸的工程项目存在多次重复计算的可能性、面积计算中立面面积有被忽略的可能性、线性长度计算中只顾及投影长度等，以上这些都会影响准确性，BIM 技术的介入应用可有效消除偏差。

二、加强全过程成本控制

建筑项目管理控制过程中合理的实施计划可事半功倍，应用 BIM 技术建立三维模型可提供更好、更精确、更完善的数据基础，服务资金计划、人力计划、材料计划与设备设施计划等的编制与使用。BIM 模型可赋予工程量时间信息，显示不同时间段工程量与工程造价，有利于各类计划的编制，达到合理安排资源的目的，从而有利于工程管理控制过程中成本控制计划的编制与实施，有利于合理安排各项工作，高效利用人力物力资源与经济成本等。

三、控制设计变更

建筑工程管理中经常会遇到设计变更的情况，设计变更可谓是管理控制过程中相对压力大、难度大的一项工作。应用 BIM 技术首先可以有效减少设计变更情况的发生，利用三维建模碰撞检查工具降低变更发生率；在设计变更发生时，可将变更内容输入到相关模型中，通过模型的调整获得工程量自动变化情况，避免了重复计算造成的误差等问题。将设计变更后工程量变化引起的造价变化情况直接反馈给设计师，有利于更好地了解工程设计方案的变化和工程造价的变化，全面控制设计变更引起的多方影响，提升建筑项目造价管理水平与成本控制能力，有利于避免浪费与返工等现象。

四、有利于项目全过程造价管理

建筑工程全过程造价管理贯穿决策、设计、招标投标、施工、结算五大阶段，每个阶段的管理都为最终项目投资效益服务。BIM 技术可发挥其自身优越性在工程各个阶段的造价管理中提供更好的服务：

（1）决策阶段，可利用 BIM 技术调用以往工程项目数据估算、审查当前工程费用，估算项目总投资金额，利用历史工程模型服务当前项目的估算，有利于提升设计编制准确性。

（2）设计阶段，BIM 技术历史模型数据可服务限额设计，限额设计指标提出后可参考类似工程项目测算造价数据，一方面可提升测算深度与准确度，另一方面也可减少计算量，节约人力与物力成本等。项目设计阶段完成后，BIM 技术可快速完成模型概算，并核对其是否满足要求，从而达到控制投资总额、发挥限制设计价值的目标，对于全过程工程造价管理而言有积极意义。

（3）招标投标阶段，工程量清单招投标模式下 BIM 技术的应用可在短时间内高效、快速、准确地提供招标工程量。尤其是施工单位，在招标投标期限较紧的情况下，面对逐一核实难度较大的工程量清单时可利用 BIM 模型迅速准确完成核实，减少计算误差，避免项目亏损，高质量完成招标投标工作。

（4）施工阶段的造价管理控制，时间长、工作量大、变量多，BIM 技术的碰撞检查可减少设计变更情况，在正式施工前进行图纸会审可有效减少设计问题与实际施工问题，减少变更与返工情况。

BIM 技术下的三维模型有利于施工阶段资金、人力物力资源的统筹安排与进度款的审核支付，在施工中迅速按照变更情况及时调整造价，做到按时间、按工序、按区域给出工程造价，实现全程成本管理控制的精细化管理。

（5）结算阶段，BIM 模型可提供准确的结算数据，提升结算进度与效率，减少经济纠纷。

五、BIM 技术能够保证资源更加地系统化

BIM 技术中具有数据资料库，数据库中有人工、材料、机械等价格信息以及任一工程的工程量和所需的工作时间。工程造价管理过程中可以根据 BIM 技术中所提供的相应的数据资料进行工作，不仅能够及时进行成本分析提高工作效率，同时还有利于缩短建筑工程周期，对项目中资金的管理也更加合理，加强了项目管理水平。BIM 数据库的建立可以根据项目工作中的造价数据为项目的模拟决策提供基础，同时能够高效率地估算出建筑项目工程的总成本投入，对企业资金流动提供准确信息，为投资决策提供了准确的信息。

当前我国在工程造价管理中以引入 BIM 技术，但由于在工程造价中 BIM 技术尚未成熟，处于初始阶段，使得现阶段我国建筑行业还存在一些问题。但是 BIM 技术具有很大的使用价值，对促进我国建筑行业智能化、保证工程造价管理质量具有重要的作用，因此，我国应推广发展 BIM 技术，使得 BIM 相关技术作用都能得到很好地利用，从而推进我国建筑业的可持续发展。

第四节　BIM 或将改变工程造价模式

自引入 BIM 后，一些造价人员产生了莫名的恐慌，担心以后 BIM 慢慢就取代了工程造价，造价人员不再被需求。事实上，造价人员是否会被行业淘汰，并非取决于 BIM 的普及程度，而是取决于造价人员在 BIM 大潮来临前如何及时转型。

BIM 确实能减少造价人员的重复劳动。在计算工程量时，每一个造价人员出于对图纸的不同理解和自己的专业水平高低而得到不同的数值，甚至同一个人不同时间计算或使用不同软件计算，其计算结果也不同。所以，差异是必然的，相同是偶然的，这就造成造价工作的无穷麻烦，如反复的校对、核对、争论、扯皮等，有时即使双方确认了甚至签字了，对方又反悔了，并且确实又找出少算或多算的地方，真的没完没了。

工程量又是造价的基础，算量与对量是造价人员日常工作，它是最为重要又最为烦琐的工作，也是最为枯燥的工作。钢筋、混凝土、装饰、电缆、管道、阀门，这些造价占比大，是计算的重点和谈判的焦点，还有零星工程，它们的工程量小而工作量大。工程结算工程耗

时长，绝大多数时间就是用于此。

以往，有些争议性的东西由于没有标准的计算规则而悬而未决，现在，不管 BIM 是根据什么规则计算出来的，只要官方认可、行业认可或普遍认可，那么，就没有争论的必要，从而省去大量处理争端的时间。个体之间出于立场的不同难免有倾向性的观点，无非是为了争取到更多的利益。当 BIM 出现后，这些问题都将迎刃而解。如果 BIM 计算的量大家都认为有问题，那么就修改 BIM 的内置计算规则。如果将计算规则开放，又将轮回到争议的战争中。计量就是要标准化，人是不可信的，要相信机器。

造价人员从机械的、低端的、烦琐的工程量计算工作中摆脱出来，可以有更多的时间与精力从事更高端更有价值的咨询工作，如设计优化、招标策划、投标对策、合约规划、成本控制、全过程造价管理等这些技术含量更高的业务，最终形成个人职业生涯的良性循环，而不是被无尽的算量工作所湮没。

BIM 是可以提供工程量的。BIM 对造价专业产生了很大的推动作用，它能够将大量的、重复的、机械的算量工作交给机器去完成，把算量工作从造价工作中分离出去，这对造价人员是一种解脱。BIM 模型直接提供标准工程量，算量工作将不复存在，它不再占用造价人员大量时间，这是技术的进步，是生产力的解放。设计师代替造价师完成了计算工程量的工作，实际上是 BIM 工程量计算模块完成了工程量计算工作，是机器代替了人。

BIM 工程量是基于软件计算的，不受人工干预，如果模型是正确的，计算模块是正确的，那么计算出来的工程量是没问题的，无须怀疑它的正确性，更无须用手工来验算它的合理性。BIM 工程量是一个确定的、可信的、标准的、统一的数据，理论上它是唯一的。它是招标投标、预算、材料计划、成本分析、结算、造价控制等的基础数据，也是各单位、各部门、各阶段都可共同使用的基础性数据。这大大减少重复计算，造价人员也将大幅减少。

一个项目围绕共同的 BIM 平台，参与各方既共享 BIM 信息，又提供信息。不管 BIM 是采用哪个系统使用何种软件，均应以一种软件提供统一工程量。BIM 模型提供的信息可以在全生命周期通用，所有的项目参与方都会依赖这个模型并且能与这个模型进行互动，所以，从这个意义上来说，BIM 或将真的会改变工程造价模式。

第五节　BIM 技术工程算量基本流程及模式

一、项目工程量计算基本情况

（一）工程量评价方法

依据建设项目的规划、可行性研究和初步设计等技术资料的详尽程度，其工程分析可以采用不同的方法。现行采用较多的工程分析常用方法有以下几种：

（1）物料平衡计算法。此方法以理论计算为基础，比较简单，但具有一定的局限性，不适用于所有建设项目。在理论计算中，设备运行状况均按照理想状态考虑，计算结果大多数情况下数值偏低，不利于提出合适的环境保护措施。

（2）查阅参考资料分析法。此方法最为简便，当评价工作等级要求较低、评价时间短或是无法采取类比分析法和物料平衡计算法的情况下，可以采用此方法，但是采用此方法所获得的工程分析数据准确性较差，不适用于定量程度要求高的建设项目。

（3）类比分析法。此法要求时间长，需投入的工作量大，但所得结果较准确，可信度也较高。当评价工作等级较高、评价时间允许，且有可参考的相同或相似的现有工程时，应采用类比分析法。

（4）实验法，即通过一定的实验手段来确定一些关键的物料参数。

（5）实测法，即通过选择相同或类似工艺实测一些关键的物料参数。

（二）工程量算量步骤

将 Revit 模型的各个构件分类、归并，贴上编码，调整好扣减规则，输出工程量明细表。

1. 比目云算量的应用步骤

（1）将模型映射，即将模型构件分类、归并成插件设定好的项目，便于后续贴做法，可采用命名规则自动提取映射，也可手动调整。

（2）贴做法，即贴清单及定额编码，在这边可以采用手动贴做法也可以自动套。若采用自动套，则需要在模型映射步骤中确切地分好构件及制定好自动套的模板。

（3）调整好扣减规则。比目云插件中可以选取各省份的清单及定额，里面的做法已经按规范设置好扣减规则，若实际需要可自行调整。

（4）统计并输出清单。

2. 建模规则

因为映射及贴清单及定额编码（以下简称"贴做法"）的需要，便于构件的归并及分类，建模过程中有以下的要求（基于结构的模型）。

（1）命名规则。

1）软件自带的映射规则，如图 1-1 所示。

构件名称	映射规则关键字
基础	
桩基	桩基、桩
垫层	垫层、DC
独立基础	独立基础、独基、承台、DJ、ZJ、CT
筏板承台	筏板承台、JCT

图 1-1 软件自带的映射规则示例（部分）

2）清单及定额项目名称，如图 1-2 所示[一]。

编码	项目特征	项目名称
现浇混凝土基础		
10401001		带形基础
10401002	1、混凝土强度等级	独立基础
10401003	2、混凝土拌合料要求	满堂基础
10401004	3、砂浆强度等级	设备基础
10401005		桩承台基础
10401006		垫层
现浇混凝土柱		

图 1-2 清单及定额项目名称示例（部分）

一 图 1-2 所示的清单及定额项目名称为参考模板，实际工程中请按当下最新清单规范及标准的编码及项目特征计算和计量。

3）建模命名规则。

因为清单要求并没有映射分得那么详细，因此，整合两类的命名要求为：直接用中文类别代号或用名称子目缩写表示，软件列表中未列出的其他构件，则按照国建名称命名。

（2）建模规则具体要求。

1）结构建模要结合结构及建筑图纸，才能区分阳台板、栏板、天沟、挑檐板、雨篷等。

2）建模构件要区分混凝土等级及抗渗等级或其他掺和料，若是图纸上同个构件由不同等级材料构成，需断开建模。例如，裙房的屋面、消防水池、楼层伸缩膨胀砼[⊖]。

3）竖向结构如柱、墙需按照楼层断开或是按施工规则断开建模；要区分好项目类别，若是图纸上同个构件分属不同项目，需断开建模。例如，一条梁存在单梁及有梁板部分。

4）止水台、反口，建议用梁绘制，不建议用墙，如果用墙，应把类型名称按圈梁类型命名。

5）楼板绘制不可随意，应按照设计和相关规范绘制，不可反常规造成多算，多扣。

6）仔细检查线条绘制不连续的部位，绘制错误将会导致结果错误。

7）台阶不要一块块绘制，应绘制成一个整体。

8）阳台包含梁、板，而竖向板属于其他分类，建议不要混在一起布置，否则无法正确出量；阳台板，不要和空调板和雨篷混在一起布置，否则无法正确转换。

9）线条和板分开绘制，墙上线条也要分开，厚度不同可以绘制类似厚度的墙或者梁，然后线条另行绘制。

10）不要直接用修改子图元的方式绘制坡屋面，因为屋面厚度尺寸会发生变化，当然坡度一样的时候可以通过换算的方式，修改楼板的厚度。建议采用定义坡度的方式绘制坡屋面。

11）结构构件命名要按照图纸设计和相关规范命名。

12）建模的时候尽量少用内建模型或体量同时拉伸多个相交实体，这样容易导致构件的一些几何属性获取错误。另外，面过多容易产生面计算错误。

13）尽量少在一块板内开多块洞，否则容易造成计算错误，可以把板分割成多块板创建。

14）当前版本不支持墙上洞口在墙上直接绘制时，应用门窗族单独绘制，不然洞口侧面面积将无法计算进去。

在实际的建设工程造价管理中，建筑工程量的编制是工程造价管理的核心任务之一。但是，建筑工程量的编制工作量大、费时、繁琐，不能充分利用前面设计电子图的成果。因此，改变传统的编制工程量的方式，以提高建筑工程量编制的精确度和速度也就显得十分迫切。图 1-3 描述了计算建筑工程量的基本步骤。

（三）工程项目评价基本要求

工程分析是对工程加以分析、调查，找出其中浪费、不均匀、不合理的地方，并进行改善的工作。

⊖　"砼"，即"混凝土"。BIM 软件及定额中，许多地方的"混凝土"都用"砼"表示。

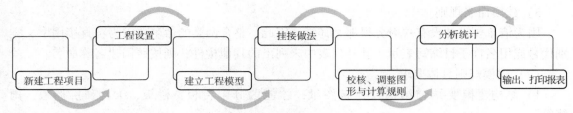

图 1-3　计算建筑工程量的基本步骤

（1）结合建设项目工程组成、规模、工艺路线，对建设项目环境影响因素、方式、强度等进行详细分析与说明。

（2）应用的数据资料要真实、准确、可信。对建设项目的规划、可行性研究和初步设计等技术文件中提供的资料、数据、图件等，应进行分析评价后引用；引用现有资料进行环境影响评价时，应分析其时效性；类比分析数据、资料应分析其相同性或者相似性。

（3）工程评价应突出重点。根据各类型建设项目的工程内容及其特征，对环境可能产生较大影响的主要因素要进行深入分析。

在实际的环境影响评价工作中，对工程分析的要求越来越高，除符合以上要求外，还要求贯彻执行我国环境保护的法律、法规和方针、政策，如产业政策、能源政策、土地利用政策、环境技术政策、节约用水要求以及清洁生产、污染物排放总量控制、污染物达标排放、"以新带老"原则等。

工程评价应在对建设项目选址选线、设计建设方案、运行调度方式等进行充分调查的基础上进行。

二、BIM 技术工程算量基本步骤

1. 工程算量方法

建筑工程量的计算，是一个非常复杂并且工作量极大的工作。用手工计算劳神费力还极有可能不准确，对于计算过程中大量的重复数据的处理也极为不方便。

基于 BIM 技术的多维图形算量软件计算方法有建模法和数据导入法。

（1）建模法。通过在计算机上绘制基础、柱、墙、梁、板、楼梯等构件模型图，软件根据设置的清单和定额工程量计算规则，在充分利用几何数学原理的基础上自动计算工程量。计算时以楼层为单位元，在计算机界面上输入相关构件数据，建立整栋楼层基础、柱、墙、梁、板、楼梯、装饰的建筑模型，根据建好的模型计算工程量。

（2）数据导入法。将工程图的 CAD 电子文档直接导入三维图形算量软件，智能识别工程设计图中的各种建筑结构构件，快速虚拟仿真出建筑。由于不需要重新对各种构件进行绘图，只需定义构件属性和进行构件的转化就能准确计算工程量，极大提高了算量工作效率，降低了造价人员工程计算量。

导入法是工程量计算软件的主要发展方向。它利用三维算量软件的可视化技术建立构件模型，在生成模型的同时提供构件的各种属性变量与变量值，并按计算规则自动计算出构件工程量，能将造价人员从繁复、繁重、枯燥的工作状态中解放出来。

2. 工程算量步骤

运用三维算量软件完成一栋房屋的算量工作基本应遵循图 1-4 所示的算量工作流程。

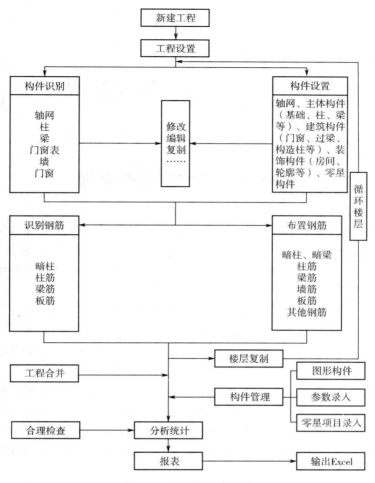

图 1-4　软件算量流程图

第二章 模型设置

第一节 算量模式设置

以 BIM 云 5D 算量（土建版）Revit 平台软件基础为模式：打开 BIM 云平台软件，进入菜单选择位置："云 5D 算量"→"工程设置"。执行命令后，弹出工程设置对话框，共有 5 个项目页面，单击"上一步"或"下一步"按钮，或直接单击左边选项栏中的项目名，就可以在各页面之间进行切换。

（1）工程名称：软件将自动读取的 Revit 工程文件的工程名称指定为本工程的名称。

（2）计算模式：包含清单模式和定额模式。定额模式是指仅按定额计算规则计算工程量，清单模式是指同时按照清单和定额两种计算规则计算工程量。模式选完后在对应下拉选项中选择对应省份的清单、定额库。

（3）输出模式：分为清单和定额两个选项卡，对清单、定额设置相应的输出清单。清单模式下可以对构件进行清单与定额条目挂接；定额模式下只可对构件挂接定额做法。其中，构件不需要挂清单或定额时，以实物量方式输出工程量，清单模式下其实物量有按清单规则输出工程量和按定额规则输出工程量的选项，定额模式下实物量是按定额规则输出的实物量。

（4）楼层设置：设置 ±0.00 距室外地面的高差值，此值用于计算土方工程量的开挖深度。

在云 5D 算量的各对话框中，提示文字为蓝颜色字体，说明栏中的内容必须按需设置，否则会影响工程量计算。

（5）超高设置：单击"超高"按钮，弹出对话框，如图 2-1 所示。

"超高设置"用于设置定额规定的梁、柱、板、墙的标准高度，水平高度超过了此处定义的标准高度时，其超出部分就是超高高度。

（6）算量选项：用户自定义一些算量设置，显示工程中计算规则。"计算规则"界面包括 5 个内容，分别是"工程量输出""扣减规则""参数规则""规划条件取值""工程量优先顺序"，如图 2-2 所示。

（7）"工程量输出"：输出工程的清单定额工程量，如图 2-3 所示。

1）"清单"：显示输出清单工程量。

图 2-1 "超高设置"对话框

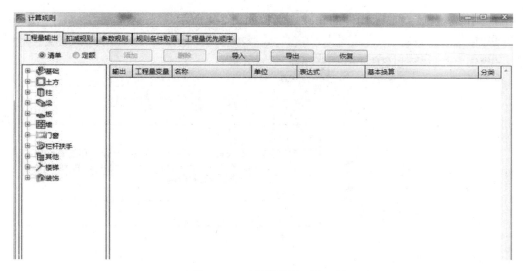

图 2-2　"计算规则"界面

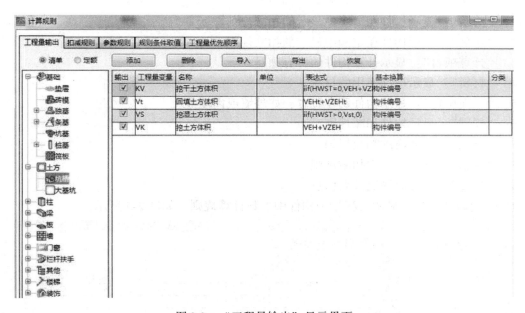

图 2-3　"工程量输出"显示界面

2）"定额"：显示输出定额工程量。

3）"工程量变量"：显示工程量变量符号。

4）"名称"：显示工程量变更名称。

5）"表达式"：显示工程量的表达式。

6）"基本换算"：显示工程量基本换算量。

7）"分类"：显示工程量属于哪个分类。

8）"导入"：导入新的扣减规则。

9）"导出"：导出工程中扣减规则。

10）"恢复"：恢复成系统甚至信息。

（8）"扣减规则"：显示构件的扣减规则，如图 2-4 所示。

图 2-4　"扣减规则"显示界面

1）"清单"：显示构件在清单中显示的扣减规则。

2）"定额"：显示构件在定额中显示的扣减规则。

3）"计算项目"：显示计算构件的所有项目。

4）"材料"：显示构件使用的材料。

5）"平面位置"：显示构件所在位置，如外墙或内墙等。

6）"规则"：显示构件扣减规则。

7）"导入"：导入新的扣减规则。

8）"导出"：导出工程中扣减规则。

9）"恢复"：恢复成系统甚至信息。

（9）"参数规则"：显示工程量中构件中参数计算规则，如图 2-5 所示。

图 2-5　"参数规则"显示界面

1）"清单"：显示构件在清单中的参数规则。

2）"定额"：显示构件在定额中的参数规则。

3）"规则解释"：显示对参数规则进行解释说明。

4）"规则列表"：显示参数规则列表。

5）"阈值"：显示参数阈值。

6）"参数"：显示参数值。

（10）"规则条件取值"：显示工程量计算规则条件的取值，如图2-6所示。

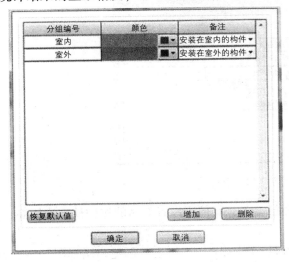

属性变量	项目名称	构件名	条件	取值
GZMK	工作面宽	坑槽	SXLX=砼结构,支模板(无砖模)	300
GZMK	工作面宽	坑槽	SXLX=砌体结构,CLMC=毛石|方整石|粗料石|细料石	150
GZMK	工作面宽	坑槽	SXLX=砌体结构,CLMC=标准红砖|实心石渣(水泥)砖	200
FPXS	放坡系数	坑槽	KWXS=人工开挖,AT=一、二类土,HWT>1200	0.5
FPXS	放坡系数	坑槽	KWXS=人工开挖,AT=四类土,HWT>2000	0.25
FPXS	放坡系数	坑槽	KWXS=人工开挖,AT=三类土,HWT>1500	0.33
FPXS	放坡系数	坑槽	KWXS=机械坑上开挖,AT=一、二类土,HWT>1200	0.75
FPXS	放坡系数	坑槽	KWXS=机械坑上开挖,AT=四类土,HWT>2000	0.33
FPXS	放坡系数	坑槽	KWXS=机械坑上开挖,AT=三类土,HWT>1500	0.67
FPXS	放坡系数	坑槽	KWXS=机械坑内开挖,AT=一、二类土,HWT>1200	0.33
FPXS	放坡系数	坑槽	KWXS=机械坑内开挖,AT=四类土,HWT>2000	0.1
FPXS	放坡系数	坑槽	KWXS=机械坑内开挖,AT=三类土,HWT>1500	0.25

图2-6　"规则条件取值"显示界面

（11）"工程量优先顺序"：显示工程量计算顺序。

（12）分组编号：用于用户自定义一些分组编号，在颜色上我们可以选择，可以标注各个分组里面的构件，如图2-7所示。

（13）计算精度：单击"计算精度"按钮，弹出对话框，如图2-8所示。其可以设置分析与统计结果的显示精度，即小数点的保留位数。

图2-7　"分组编号"界面　　　　　图2-8　"精度设置"对话框

第二节　楼层相关信息设置

楼层设置主要针对构件的高度数据，因为在实际工程中，大部分垂直构件的高度都是以楼层高来确定的，设置了楼层高度也就等同于定义了墙、柱等构件的高度，同时也确定了梁板的高度位置。按照实际项目的楼层，分别定义楼层及其所在的标高或层高。

（1）在楼层设置中，读取工程设置中的数值，可将楼层分层。楼层设置中数值是根据所勾选的层高系统自动生成的，不可改动，如图2-9所示。

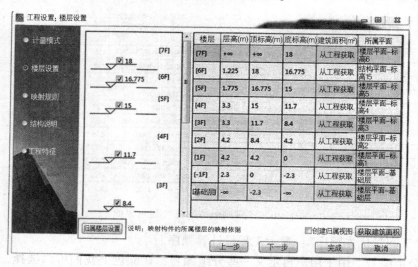

图2-9　"楼层设置"界面

（2）单击"归属楼层设置"按钮，弹出"楼层归属设置"对话框，如图2-10所示。

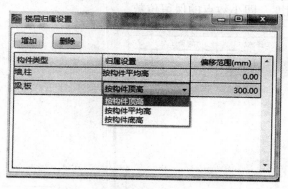

图2-10　"楼层归属设置"对话框

已设置类型的按设置对应参数进行楼层设置，其他未设置类型的按构件平均标高、偏移范围参数转换。

（3）在工程中创建楼层设置中不存在的归属视图。若勾选"创建归属视图"，则会根据"所属平面"列中的红色字体视图名称新建视图，如图2-11所示。

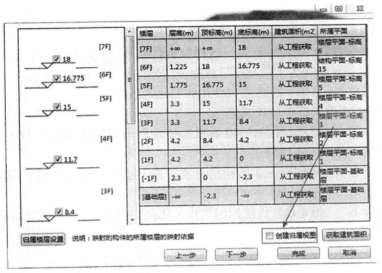

图 2-11 楼层视图

第三节 映射及构件类别选择及设置

一、模型映射概念

模型映射是将 Revit 模型中的构件根据族类型名称进行识别，然后系统会自动给构件匹配一个算量属性，算量属性中包含材料、结构、体积的信息，这样就可以便于后面能够精准地计算工程量。如果族类型名称识别匹配不成功，可以手动匹配，也可以通过族名称修改和调整映射规则提高匹配的准确性。

二、构件选择

将 Revit 构件转化成软件可识别的构件，根据名称进行材料和结构类型的匹配，当根据族名未匹配成理想效果时，执行族名修改或调整转化规则设置，提高默认匹配成功率。

菜单位置："云 5D 算量"→"模型映射"。"模型映射"界面，如图 2-12 所示。

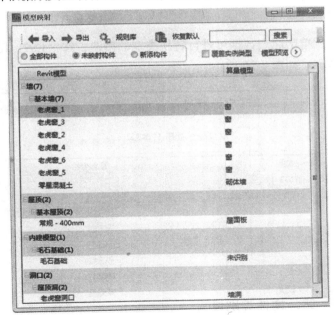

图 2-12 "模型映射"界面

选项：

（1）"全部构件"：显示所示构件。

（2）"未映射构件"：工程已经执行过模型转化命令，再次打开时，软件将自动切换至未转换构件选项卡，该选项卡下仅显示工程中新增构件与未转换构件。

（3）"新添构件"：显示工程在上次转化后创建的新构件。

（4）"搜索"：在搜索框中搜索关键字。

（5）"覆盖实例类型"：勾选时，映射覆盖手动调整过的实例的构件类型；不勾选时，不覆盖手动调整过的实例的构件类型。

（6）"Revit 模型"：根据 Revit 的构件分类标准，把工程中的构件按族类别、族名称、族类型分类。

（7）"算量模型"：此处是软件按照国家相关规范，把 Revit 构件转化为软件可识别的构件分类，如图 2-13 所示。

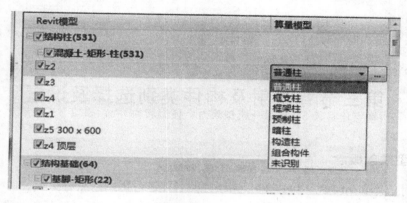

图 2-13　"算量模型"下的构件分类

单击此列数据可进行转换类别的修改，按〈Ctrl〉键或按〈shift〉键选择多个类型统一修改，如图 2-14 所示。

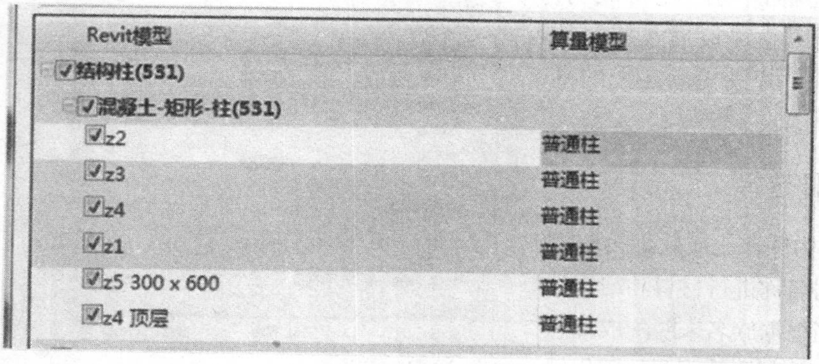

图 2-14　构件修改

三、构件类别设置

如果默认类别无法满足需求，可单击下拉列表进行类型设置，选择需要的类别，如

图 2-15 所示。

（1）展开、折叠、全选、反选、全清：表格树中节点的基本操作。

（2）规则库中构件映射按照名称和关键字间的对应关系进行映射，如图 2-16 所示。具体设置请参考规则转换。

图 2-15 构件类别设置

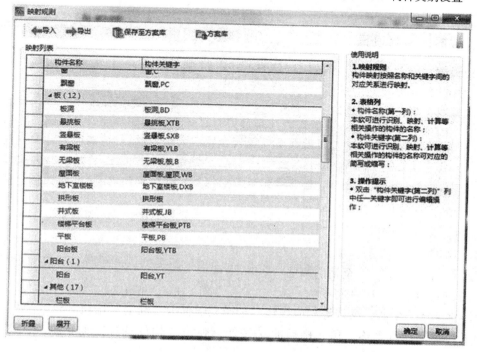

图 2-16 规则库中构件映射

（3）保存方案，建方案名，具体如图 2-17 所示。

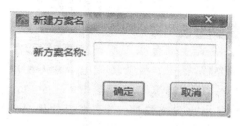

图 2-17 建方案名

（4）模型映射规则参照国家相关规范划分转化的类型，将构件、材质、族参数的类型名称与列表中的关键字进行匹配，然后将工程中的构件匹配成对应的构件种类。

第四节　材料设置

　　广义结构说明是指施工图上用于指导施工的全部说明，狭义结构说明是指只对工程造价有关的说明。

　　在"结构说明"中可修改混凝土材料设置、砌体材料设置，用于转换、计算，如图2-18所示。

一、混凝土材料设置

　　（1）设置页面包含楼层、构件名称、材料名称以及对应的强度等级和搅拌制作方式的选取。其中楼层、构件名称是必须要选取的项目，材料名称可以不选，如果材料名称没有可选项，则强度等级需要指定。

　　（2）单击"楼层"单元格后  按钮，弹出"楼层选择"对话框，如图 2-19 所示，单击对话框底部的"全选""全清""反选"按钮，可以一次性将所

图 2-18　"结构说明"界面

有楼层进行全选、全清、反选等相应操作，选择完毕单击"确定"按钮。

　　（3）单击"构件名称"单元格后的 按钮，弹出"构件选择"对话框，如图 2-20 所示，操作方法同楼层选择。

图 2-19　"楼层选择"对话框

图 2-20　"构件选择"对话框

（4）材料名称：单击"材料名称"单元格后的 ▾ 按钮，弹出"材料名称"对话框，如图 2-21 所示。

（5）强度等级：单击"强度等级"单元格后的 ▾ 按钮，弹出"强度等级"对话框，如图 2-22 所示。

（6）搅拌制作：单击"搅拌制作"单元格后的 ▾ 按钮，弹出"搅拌制作"对话框，如图 2-23 所示。

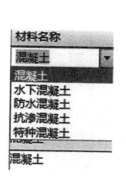
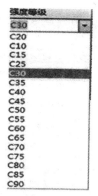
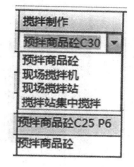

图 2-21　"材料名称"对话框　　图 2-22　"强度等级"对话框　　图 2-23　"搅拌制作"对话框

二、砌体材料设置

（1）单击"材料名称"单元格后的 ▾ 按钮，弹出"砂浆材料"对话框，如图 2-24 所示。

（2）单击"强度等级"单元格后的 ▾ 按钮，弹出"砂浆强度等级"对话框，如图 2-25 所示。

（3）单击"砌体材料"单元格后的 ▾ 按钮，弹出"砌体材料"对话框，如图 2-26 所示。

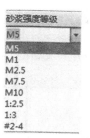
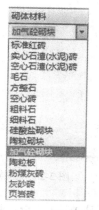

图 2-24　"砂浆材料"
对话框

图 2-25　"砂浆强度等级"
对话框

图 2-26　"搅拌制作"
对话框

（4）材质种类选择。勾选"使用材质映射（启用材质映射中的材质匹配）"，如图 2-27 所示。

1）"数据来源"→"族名"：从 Revit 族名中获取材质信息。

2）添加映射规则条件，如图 2-28 所示。

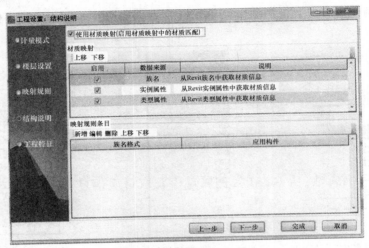

图 2-27　材质映射

3）"族名格式"中选择相应的内容到"类型"中，"默认分隔符"中选择分隔符，在"应用构件"中选择构件设置族名，设置材质，如图 2-29 所示。

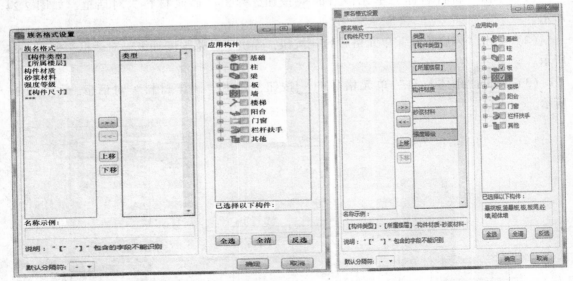

图 2-28　"族名格式设置"界面　　　　图 2-29　族名材质映射

4）从 Revit 实例属性中获取材质信息，新增映射规则条目，如图 2-30 所示。

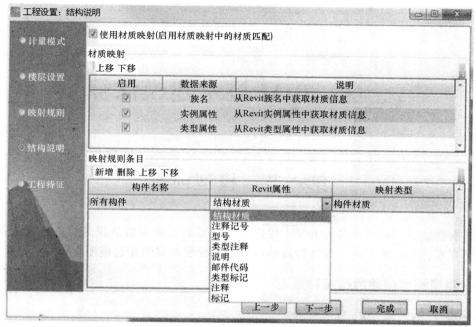

图 2-30 新增材质信息

第五节 工程特征设置

工程的一些局部特征的设置：填写栏中的内容可以从下拉选择列表中选择，也可直接填写合适的值。

在这些属性中，用蓝颜色标识属性值为必填的内容。其他颜色属性用于生成清单的项目特征，作为清单归并统计条件。

（1）含有工程的建筑面积、结构特征、楼层数量等内容。

（2）含有梁的计算方式、是否计算墙面铺挂防裂钢丝网等的选项设置。

（3）土方定义：含有土方类别的设置、土方开挖的方式、运土距离等的设置，如图 2-31 所示。

在对应的设置栏内将内容设置或指定好后，系统将按设置进行相应项目的工程量计算，单击"完成"按钮。

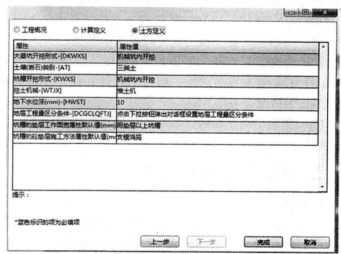

图 2-31 土方定义

第三章　BIM 技术建模法算量

第一节　模型创建

算量模型是指工程造价人员编制工程造价预结算时，通过构造建筑物的三维虚拟模型，然后以平方米、立方米、吨、米等计算单位计算工程实物量的建筑模型。

一、算量模型创建的标准和原则

1. 标准

（1）清单编码、项目名称、项目特征匹配标准。

（2）构件分类统一标准。

（3）统一命名标准。

2. 原则

（1）结构构件命名要按照图纸设计和相关规范命名。

（2）结构建模要结合结构及建筑图纸。

（3）构件要尽量地按照清单、定额项目类别及项目特征来分类归并。

（4）建模构件要区分混凝土等级及抗渗等级或其他掺和料，若是图纸上同一个构件由不同等级材料构成，需断开建模，比如说，裙房的屋面、消防水池、楼层伸缩膨胀混凝土。

（5）阳台包含梁、板，而竖向板属于其他分类，建议不要混在一起布置，否则无法正确出量；阳台板不要和空调板及雨篷混在一起布置，否则无法正确转换到算量软件中。

（6）楼板绘制不可随意，应按照设计和相关规范绘制，否则在算量软件中就会造成多算、多扣的情况。

（7）竖向结构，如柱、墙需按照楼层断开或是按施工规则断开建模。

（8）仔细检查线条绘制不连续的部位，绘制错误会导致算量结果错误。

二、算量模型创建基本设置

1. 标高

以 Revit Architeclure 2016 中的算量软件创建基本操作为例。

（1）确定的是建筑高度方向的信息，即标高。打开 Revit Architecture 2016 软件，并在项目选项卡里单击打开建筑样板。

（2）进入项目绘制界面后，然后单击"南立面"进入南立面绘制视图框。

（3）单击标高1和标高2之间的距离"4000"，输入给定的任意值即可改变标高1与标高2之间的距离。绘制完成以后如图3-1所示。

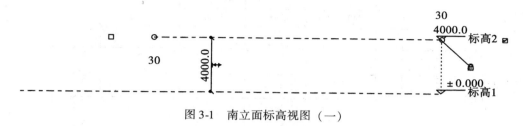

图3-1 南立面标高视图（一）

（4）然后按照要求绘制第一层标高3.3m，第二层标高6.3m，第三层标高9.3m，如图3-2所示。

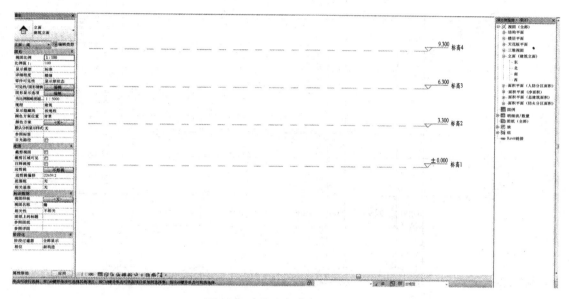

图3-2 南立面标高视图（二）

2. 轴网

（1）标高绘制完成以后，单击项目浏览器中的楼层平面展开符号，双击"标高1"，打开标高1的绘制界面。

（2）单击项目选项卡中的"轴网"命令按钮，按图3-3所示的间距分别依次绘制轴网。

三、基础算量模型创建

用模型计算独立基础的钢筋量模型为例。广联达钢筋算量模型创建步骤如下：

（1）首先打开软件的新建一个工程，如图3-4所示。

（2）打开软件后单击"新建向导"按钮，如图3-5所示。

（3）填写工程信息等内容，可以直接单击"下一步"按钮，如图3-6所示。

（4）设置抗震等信息，按照图纸要求填写即可。然后单击"下一步"按钮，直至完成，如图3-7所示。

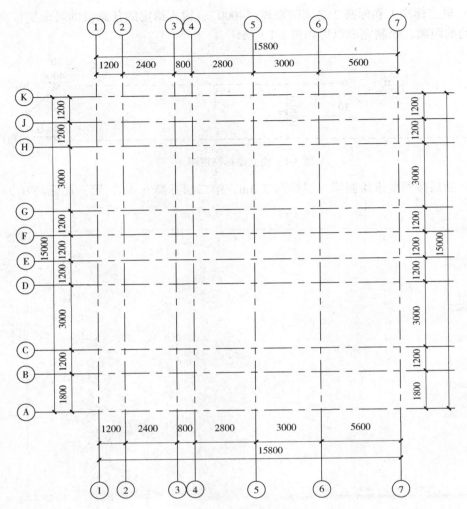

图 3-3 标高 1 轴网视图

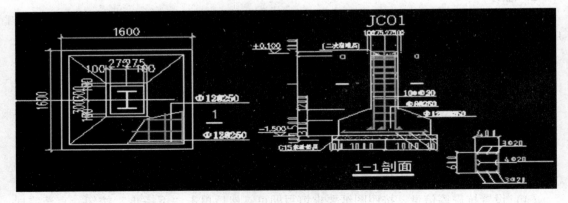

图 3-4 工程新建

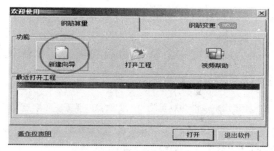

图 3-5　新建界面

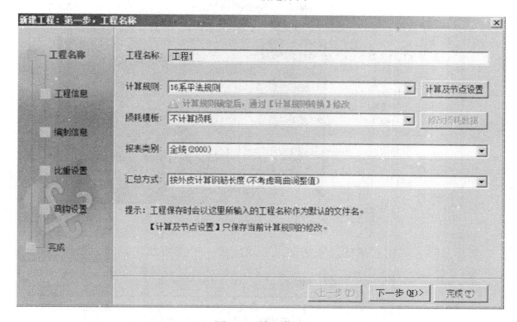

图 3-6　填写信息

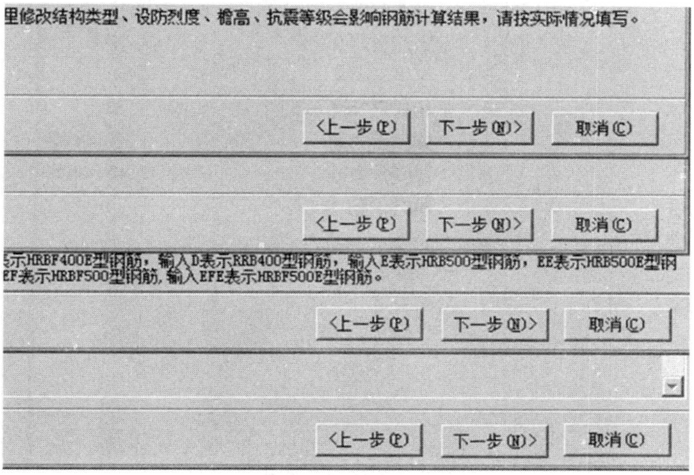

图 3-7　信息完成

（5）在软件楼层设置中设置基础层 1.5m，因为要计算的基础是 1.5m 的。完成后单击"绘图输入"按钮。

（6）新建一个轴网。因为就计算一个基础的钢筋量，那么随便建一个轴网即可，如图 3-8 所示。

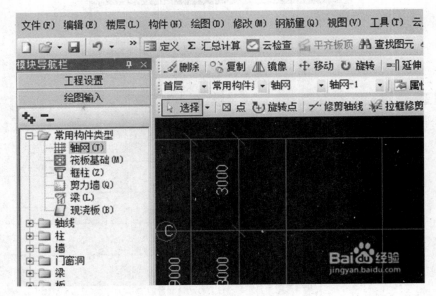

图 3-8　轴网创建

（7）新建基础——独立基础。安装图纸要求新建一个参数独立基础，如图 3-9 所示。

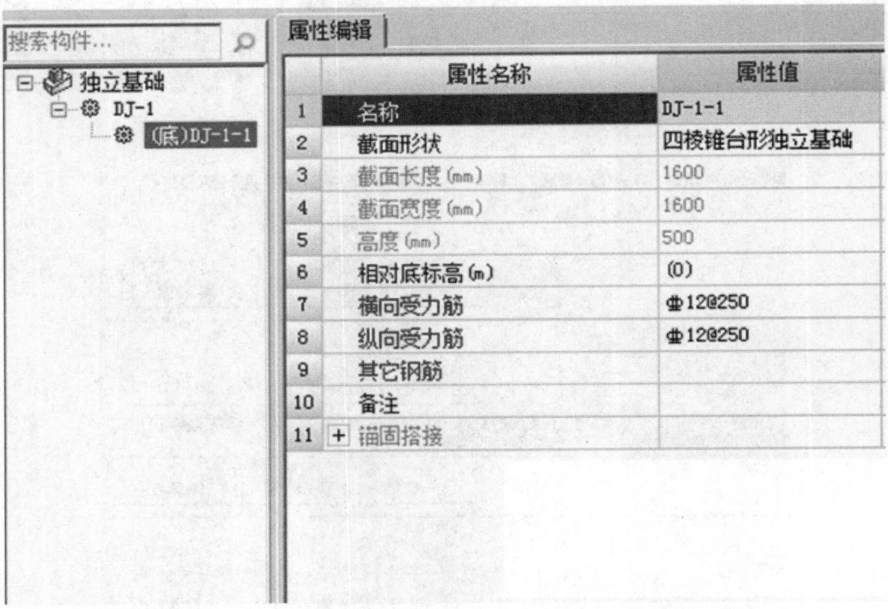

	属性名称	属性值
1	名称	DJ-1-1
2	截面形状	四棱锥台形独立基础
3	截面长度 (mm)	1600
4	截面宽度 (mm)	1600
5	高度 (mm)	500
6	相对底标高 (m)	(0)
7	横向受力筋	Φ12@250
8	纵向受力筋	Φ12@250
9	其它钢筋	
10	备注	
11	锚固搭接	

图 3-9　基础参数设置

（8）双击新建好的"独立基础"，把独立基础放图到图形中，如图 3-10 所示。

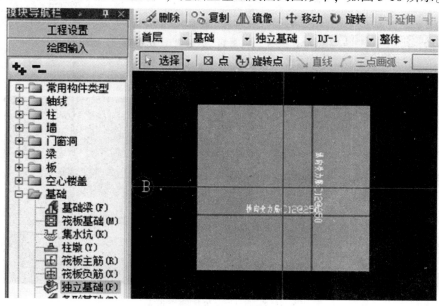

图 3-10　移入基础模型

（9）在"柱"→"框柱"构建中新建一个框架柱。参数按照图纸要求，如图 3-11 所示。

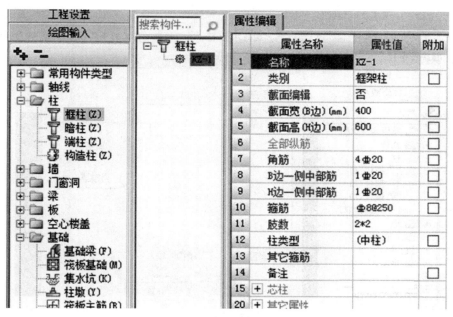

图 3-11　新建框架柱

（10）然后把建好的柱放在基础的交点上，如图 3-12 所示。

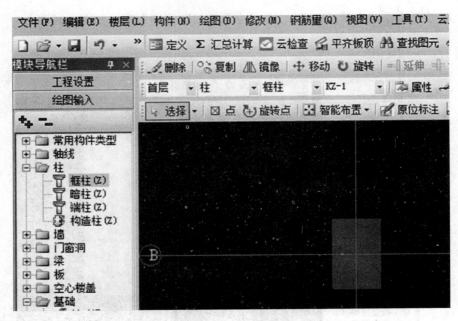

图 3-12　把柱放在基础交点上

（11）完成后，单击"汇总计算"命令按钮，来统计钢筋工程量。在菜单栏中单击"汇总计算"，在弹出的窗口中单击"计算"按钮，如图 3-13 所示。

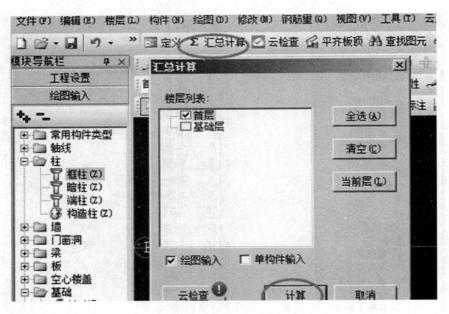

图 3-13　绘总计算

（12）计算完成后单击"关闭"按钮，如图 3-14 所示。

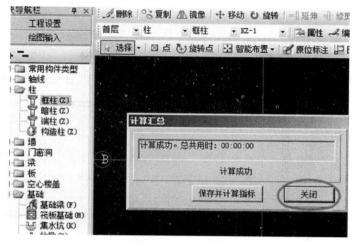

图 3-14　保存信息

（13）在软件左侧的模块导航栏中单击"报表预览"→"汇总表"→"钢筋统计汇总表"，就可以看到钢筋的汇总工程量了，如图 3-15 所示。

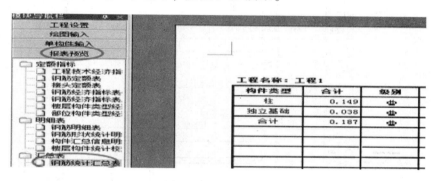

图 3-15　汇总工程量

四、墙柱算量模型创建

1. 基本墙

（1）单击"建筑"选项卡中的建筑墙，选择"基本墙：常规-200"。

（2）单击"复制"选项卡，墙体名称为"外墙-240mm"，单击"确定"按钮。

（3）打开参数中结构后面的"编辑"选项，打开"编辑软件"对话框，在"结构[1]"厚度中输入"240"，然后打开图的材质浏览器，选择"砌体-普通砖 75 * 225mm"，然后单击"确定"按钮。

（4）外墙创建完成后如图 3-16 所示。

（5）再选择墙"属性"对话框，打开编辑类型的"类型属性"对话框。单击"复制"按钮，重新输入墙名称"内墙-120mm"，然后单击"完成"按钮。

（6）单击"编辑"选项卡，打开"编辑部件"对话框，在"结构[1]"的厚度中输入"120"，选择材质为"砌体-普通砖 75 * 225mm"，单击"确定"按钮，然后绘制内墙。内墙绘制如图 3-17 所示。

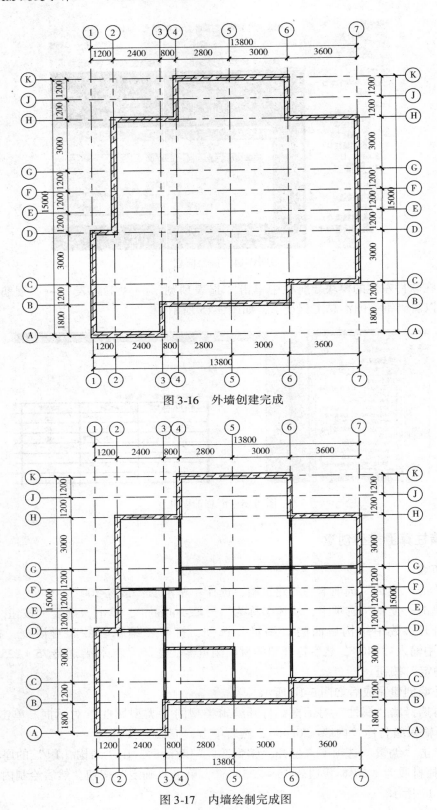

图 3-16 外墙创建完成

图 3-17 内墙绘制完成图

（7）选择所有墙体，然后单击"属性"对话框中的"顶部约束"，选择顶部约束为"直到标高：标高4"。至此，墙体部分已经全部绘制完成。

2. 幕墙

实际操作时，幕墙创建应在门窗创建之后。

（1）将视图切换到标高1。删除图3-18中选中的加粗加黑实体墙（注意：在删除墙以后，窗也会随之删除，因为窗是依附着墙的）。

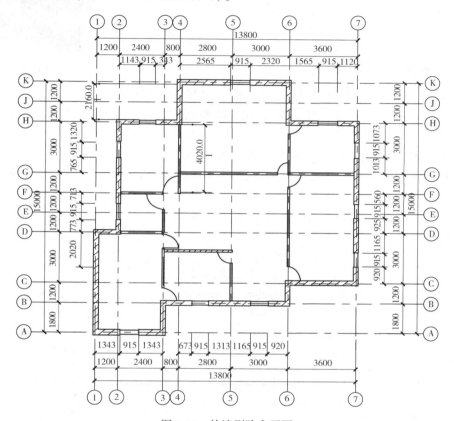

图3-18　外墙删除参照图

（2）单击"建筑"选项卡中的"墙"。选择属性对话框中的倒三角下拉按钮，单击展开选择幕墙。选择"幕墙"，然后在刚才删除实体墙的地方绘制上玻璃幕墙。

（3）绘制完成之后转到三维视图。单击选择刚才绘制的幕墙，选中之后单击"属性"中的"编辑类型"按钮，打开"类型属性"对话框。分别依次修改垂直网格和水平网格，输入间距"1000"和"800"。

（4）绘制完成之后如图3-19所示（注意，绘制的时候在属性对话框中将"顶部约束"改

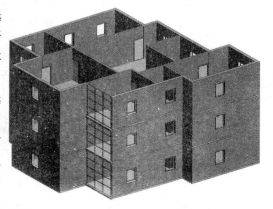

图3-19　幕墙三维展示图

为"直到标高：标高 4"）。

知识拓展：BIM CATIA 幕墙算量模型创建

1）幕墙专业根据总设计单位提供的幕墙外皮模型进行深化，并生成龙骨、铝塑板块等异形非标构件加工图，进行数字化的加工和安装。

2）工程中存在大量的非标幕墙龙骨，更具模型生成的龙骨加工图在工程组焊，现场基本杜绝了切割焊接作业，大大提升施工进度和施工质量，降低拆改量。幕墙龙骨创建如图 3-20 所示。

图 3-20　幕墙龙骨创建

五、门窗算量模型创建

（1）单击"建筑"选项卡中的"门"，进入绘制门的工作区域。

（2）选择门"单扇"→"与墙齐"，在"类型属性"中，单击"复制"命令，输入名称为"M1"。

（3）重新设定门的高度为"1900"，宽度为"850"。

（4）然后下拉到"类型标记"，将其改为"M1"，这有助于后面的统一标记和数量明细表里的统计。

（5）单击"确定"按钮，按图 3-21 所示位置放置门。

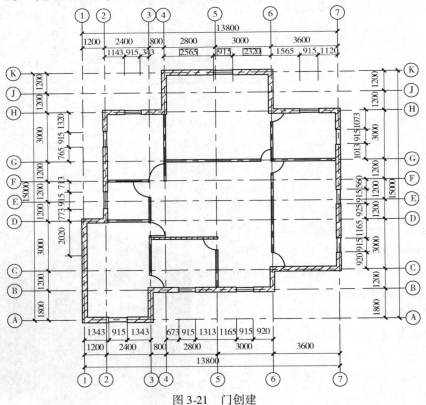

图 3-21　门创建

（6）选择"建筑"选项卡里的"窗"选项框。

（7）选择"固定窗"，单击"属性"里的"编辑类型"按钮，单击"复制"命令，重新命名窗的名称为"C1"，设置窗的高度为"1100"，宽度为"1000"，类型标记为"C1"。

（8）单击"确定"按钮，按图 3-22 所示放置窗。

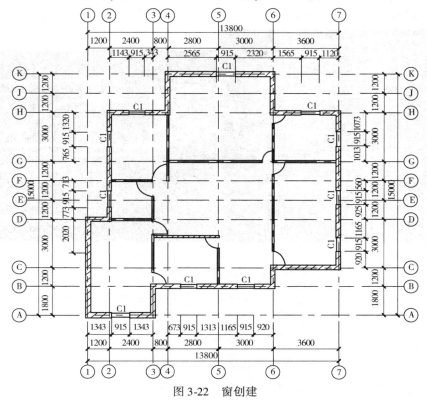

图 3-22　窗创建

（9）选择所有门和窗，复制门窗至标高 2 和标高 3。

六、建筑楼板算量模型创建

（1）单击选择"建筑"选项卡中的"楼板"选项框，选择"楼板：建筑"。

（2）打开"类型属性"对话框。单击"复制"命令，重新命名楼板的名称为"楼板-150mm"，然后单击"确定"按钮。

（3）绘制楼板，绘制完成单击"确定"按钮。

（4）选择楼板，复制粘贴到标高 2、标高 3。

（5）完成后的三维视图如图 3-23 所示，观察绘制的建筑模型的三维形状。

七、屋顶算量模型创建

1. 屋顶模型创建步骤

（1）单击"建筑"选项卡中的"屋顶"选项框，选择"迹线屋顶"。

图 3-23　楼板模型三维视图

（2）然后在"属性"对话框中选择"常规-125mm"。

（3）选择"拾取墙"命令。依次单击选择拾取建筑中的外墙。

（4）单击绿色对勾完成绘制。

屋顶模型创建如图 3-24 所示。

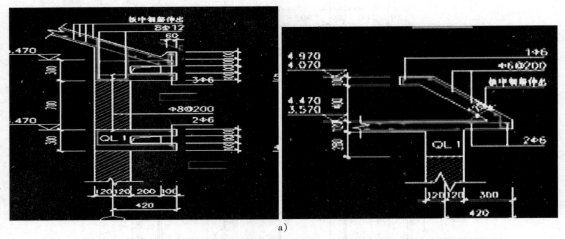

a)

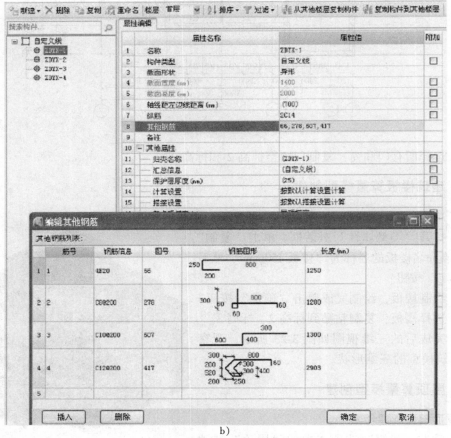

b)

图 3-24　屋顶建筑

a）尺寸图　b）BIM 技术数据显示

2. 在 Revit 中创建玻璃屋顶

第一种方法很简单，只需将屋顶的系统类型改成玻璃斜窗，再将族的类型改成玻璃斜窗即可，如图 3-25、图 3-26 所示。

图 3-25　系统类型改成玻璃斜窗

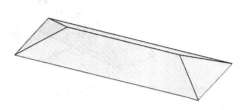

图 3-26　族类型改成玻璃斜窗

第二种方法用到了内建体量，在此之前，需要绘制一条参照平面，这个参照平面根据项目设计的具体需要来绘制，没有硬性要求。该方法的具体步骤如下：

（1）设置并拾取刚绘制的参照平面，如图3-27所示。

这时，系统会提示需要的视图，根据需要进行选择，并单击"确定"按钮，进入绘图模式，如图 3-28 所示。

（2）绘制需要的三角形，完成之后，选取整个三角形，在创建形状中选择实心形状，如图 3-29 所示。

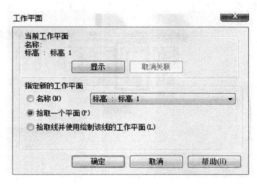

图 3-27　参照平面绘制

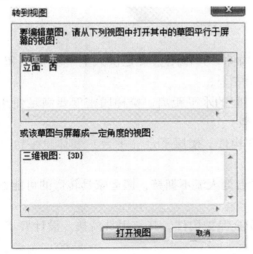

图 3-28　绘图模式选择

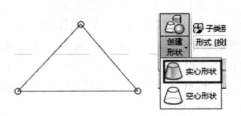

图 3-29　三角形图形绘制

（3）按〈tab〉键选取要拉伸的面，如图 3-30 所示。拉至需要的尺寸或设计要求，如图 3-31 所示。

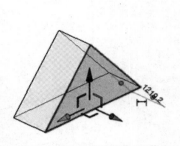
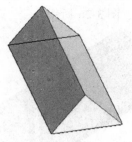

图 3-30 屋顶图形拉伸面选取   图 3-31 拉伸后屋顶图形

（4）使用"体量和场地"选项卡下面的"屋顶"命令，为体量面添加屋顶，选取的时候在"属性"面板中单击"玻璃斜窗"按钮，创建屋顶，最后删除体量，如图 3-32 所示。

图 3-32 屋顶选取

八、楼板坡道算量模型创建

1. 楼梯构成

（1）楼梯段是由若干个踏步组成的倾斜构件。其作用主要是供人上下楼使用和承重。每梯段踏步数 $n = 3 \sim 18$。设计的要求为：适用安全。

楼梯段宽度为楼梯间内表面至梯段边缘之间的水平距离。楼梯段密度要满足使用要求（人流股数、搬运家具）和安全要求（防火疏散）。

（2）楼梯平台是联系两个倾斜梯段的水平构件。楼层平台（平台）和休息平台（中间平台）的作用是缓冲疲劳，转换梯段方向。

楼梯平台深度应大于梯段宽度，并保证平台处人流不拥挤，搬运家具转弯的可能性，暖气片、消火栓所占宽度以及门的布置。

（3）栏杆扶手是梯段及平台临空边缘的安全保护构件。其作用是倚扶。设计要求安全、美观。

楼梯扶手的高度为踏步前缘至扶手上表面的垂直距离。扶手高度一般为：成人，900mm；儿童，600mm。扶手的宽度（顶面）为 60 ~ 85mm。

（4）楼梯净空高度：梯段为 2200mm，平台为 2000mm。

底层平台下做通道不满足净空要求时采取的措施有：不等跑楼梯（长短跑）；降低楼梯间室内地坪；前两种方法结合起来使用；采用直跑楼梯。

2. 楼梯坡度

楼梯坡度：建筑层高不变；坡度越大，楼梯间进深越小，上下楼梯吃力；坡度越小，楼梯间进深越大，浪费面积。一般楼梯的坡度取 25°～45° 之间，常取 30° 左右。60° 以上为爬梯，15° 以下为坡道。

3. 踏步尺寸

踏步组成：①踏面，踏步面宽用 b 表示；②踢面，通常指踏步的高度，用 h 表示。踏步尺寸经验公式为 $2h + b = 600m$。

4. 楼梯理论设计

（1）根据楼梯性质和用途，确定楼梯的适宜坡道，初步选择合适的踏步高度 h 和踏步宽度 b。

（2）确定踏步数 n。踏步数 $n = $ 层高 $H/$ 踏步高 h，n 应为整数，如果是小数，调整踏步高 h 值。

（3）确定每个梯段的踏步数（$3 < n < 18$）。

（4）计算梯段的水平投影长度 L。$L = （n/2 - 1） \times b$（双跑等跑楼梯或平行双跑楼梯）

（5）确定梯井宽度 B_2，计算梯段净宽度 B_1，梯井 $B_2 = 60 \sim 200mm$，梯段净宽 $B_1 = $ 梯间净宽 $B -$ 梯井宽 $B_2/2$。

（6）确定平台宽度 D_1 和 D_2。$D_1 > B_1$，$D_2 > B_1$。其中，D_1 表示中间平台宽，D_2 表示楼层平台宽。

（7）校模进深尺寸。进深尺寸 $\geq D - 1 + L + D_2$。其中，D 表示休息平台宽度设计值。

（8）首层平台下做通道或出入口的处理。

（9）绘图：平面图、剖面图、节点详图。

5. 板式楼梯设计

现在楼梯多为板式楼梯，设计如下：

（1）板厚：验算配筋用的板厚就是地板不含踏步的；计算自重时用 $150/2 + $ 实际板厚$/\cos\alpha$（α 为踏步板夹角）。

（2）配筋：类于简支单向板，增加支座处构造负筋。楼段有折板时，注意阴角处弯矩构造处理。

九、楼梯坡道模型创建

1. 楼梯创建（以直梯为例）

楼梯是工程建筑中非常重要的构件。BIM 软件可以通过定义楼梯梯段或通过绘制踢面和边界线的方式快速创建。楼梯的主体、踢面、踏板、梯边梁等的尺寸、材质等参数都可以独立设置，从而可衍生出各种样式的楼梯。

楼梯的构成如图 3-33 所示。

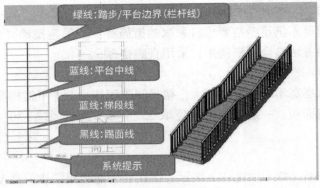

图 3-33　楼梯基本构成

楼梯创建步骤如下：

（1）启动菜单，如图 3-34 所示。

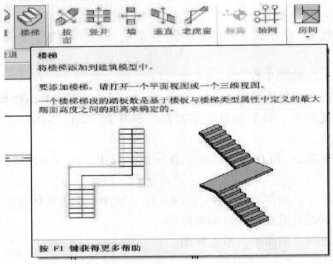

图 3-34　菜单启动

（2）图元属性设置，如图 3-35 所示。

1）限制条件：基准标高与偏移；顶部标高与偏移。

2）尺寸标注：宽度为"1000"；所需踢面数为"16"；实际踏板深度为"250"。

（3）绘制参照平面，确定相关参数，如图 3-36 所示。

1）起跑位置线。

2）楼梯中线（梯段线）。

3）休息平台位置。

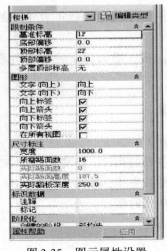

图 3-35　图元属性设置

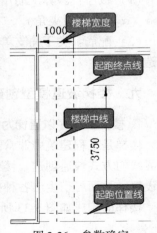

图 3-36　参数确定

图 3-36 中，3750 =（所需踢面数 -1）×实际踏板深度 =（16 -1）×250

（4）楼梯绘制，如图 3-37 所示。

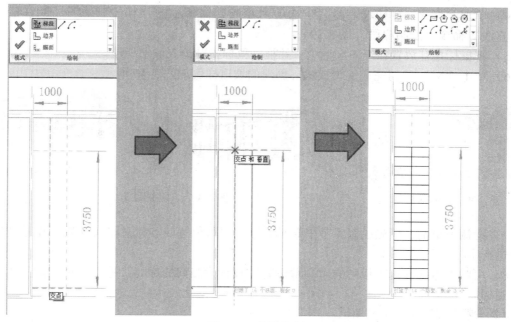

图 3-37　楼梯绘制

（5）直梯绘制生成，如图 3-38 所示。

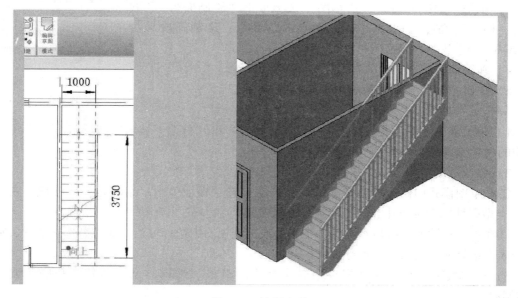

图 3-38　绘制生成

2. 坡道创建

（1）直坡道。

1）打开平面视图或三维视图。

2）单击"建筑"选项卡中"楼梯坡道"面板的"坡道"工具，进入草图绘制模式。

3）在属性选项板中修改坡道属性。

4）单击"修改 | 创建坡道草图"选项"绘制"面板中的"梯段"工具，默认值是通过"直线"命令，绘制梯段（图 3-39）。

5）将鼠标指针放置在绘图区域中，并拖动鼠标指针绘制坡道梯段。

6）单击"√"按钮完成编辑模式。创建的坡道样例如图 3-40 所示。

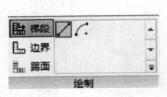

图 3-39　绘制面板

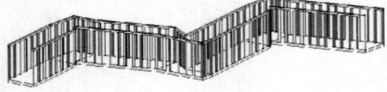

图 3-40　创建的坡道

7）绘制坡道前，可先绘制参考平面对坡道的起跑位置线、休息平台位置、坡道宽度位置等进行定位。

8）可将坡道属性选项板中的"顶部标高"设置为当前的标高，并将"顶部偏移"设置为坡道的高度。

（2）螺旋坡道与自定义坡道。

1）单击"建筑"选项卡下"楼梯坡道"面板中"坡道"工具，进入草图绘制模式。

2）在"属性"选项板中修改坡道属性。

3）单击"修改 | 创建坡道草图"选项卡下"绘制面板"中的"梯段"命令，选择"圆心-端点弧"命令，绘制梯段（见图 3-41）。

图 3-41　圆心-端点弧绘制工具

4）在绘图区域，根据状态栏提示绘制弧形坡道。

5）单击"√"按钮完成编辑模式。

（3）编辑坡道。

1）编辑坡道在平面或三维视图中选择坡道，单击"修改 | 坡道"选项卡下"模式"面板中的"编辑草图"命令，对坡道进行编辑。

2）修改坡度类型。

①在草图模式中修改坡道类型：在"属性"选项板上单击"编辑类型"按钮，在弹出的"类型属性"对话框中，选择所需的坡道类型。

②在项目视图中修改坡道类型：在平面或三维视图中选择坡道，在类型选择器中，从下拉列表中选择所需的坡道类型。

3）修改坡道属性。在"属性"选项板上，单击"编辑类型"按钮，来修改坡道的"实例属性"。

4）确定扶手类型。在草图模式，单击"工具"面板的"栏杆扶手"命令，在"扶手类型"对话框中，选择项目中现有扶手类型之一，或者选择"默认"来添加默认扶手类型，或者选择"无"来指定不添加任何扶手。如果选择"默认值"，则 Revit Architecture 将激活"扶手"工具，然后自动选择"扶手属性"中显示的扶手类型。通过在"类型属性"对话框中选择新的类型，可以修改默认的扶手。

十、暖通模型创建

1. 创建基本方法

Revit MEP 可为暖通设计提供快速准确的计算分析功能，内置的冷热负荷计算工具可以帮助用户进行能耗分析并生成负荷报告；风管和管道尺寸计算工具可根据不同算法确定干管、支管乃至整个系统的管道尺寸。

Revit MEP 具有强大的三维建模功能，能直现地反映设计布局，实现所见即所得。用户可以直接在屏幕上拖放设计元素进行设计，任一视图的修改均可自动更新到其他视图，始终保持准确唯一的设计及文档，有效提高用户的设计效率和质量。

依次单击"系统"→"HVAC"功能区中的"风管"，软件会自动激活"修改｜放置风管"和绘图区左侧的风管"属性"选项卡。

项目样板中默认配置了三种类型的风管：矩形风管、圆形风管、椭圆形风管。可以单击"属性"选项板中的"编辑类型"按钮，打开"类型属性"对话框，如图 3-42 所示。

与管道"类型属性"对话框不同的是：风管"类型属性"对话框中多了"构造"中的"粗糙度"，用于计算风管的沿程阻力，如图 3-42 所示。

风管尺寸采取与管道尺寸设置相同的方式打开"机械设置"对话框，在该对话框中设置风管尺寸的相关信息。风管尺寸应用与管道尺寸应用相似。

绘制风管与绘制管道一样有两种方法：一种是管道占位符绘制，一种是管道绘制。可以参照管道绘制的相关内容进行风管绘制。

图 3-42 风管类型

2. 创建步骤

（1）项目选择。根据建筑专业提供的建筑模型创建项目文件。创建空凋风/空调水/采暖各视图，并对视图进行可见性设置、视图范围设置等。

（2）系统选择。打开项目文件，根据建筑的分隔、朝向、形状和进深合理地划分空间，将空间进行分区指定，指定完后根据前面内容进行相应的设置，设置完后进行负荷计算。

（3）载入族。Revit MEP 中带有大量的与暖通设计相关的构件族。根据项目的需求，将项目中所需要的族载入到项目文件中，如风机盘管、风口、风管配件等。

（4）管道配置。根据载入的管件族，对风管类型以及不同的风管系统分类进行配置，具体设置方法详见前面相关章节。

（5）设备布置。根据建筑布局布置相关设备。

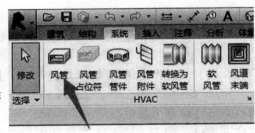

图 3-43　风管选择

空调水系统通常包含冷冻水系统和冷却水系统，不同空调水系统在 Revit MEP 中对应不同的管道系统。可以在某办公楼建筑模型的基础上创建空调风/空调水/采暖系统，创建方式与给水排水管道创建方法类似。

（6）风管绘制。单击系统中"风管"功能命令，或者输入快捷键命令"DT"，即可进入风管绘制的界面，如图 3-43 所示。

设置风管形状如图 3-44 所示。

单击"编辑类型"按钮，打开"类型属性"对话框，如图 3-45 所示。复制出一个名称为"送风风管"的风管，如图 3-46 所示，单击"确定"按钮。返回"类型属性"后再单击"确定"按钮返回绘图区。

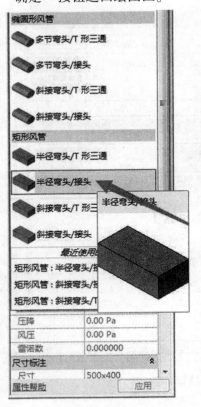

图 3-44　形状选择

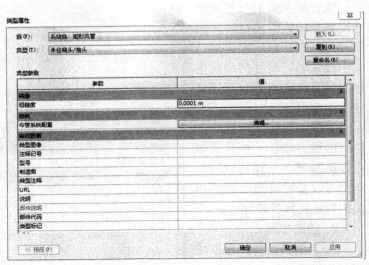

图 3-45　类型属性

图 3-46　风管命名

设定风管系统类型为"送风"，如图 3-47 所示。

设定送风管的尺寸、偏移量，如图 3-48 所示。

转到三维视图中观察，如图 3-49 所示。

图 3-47　风管系统设置

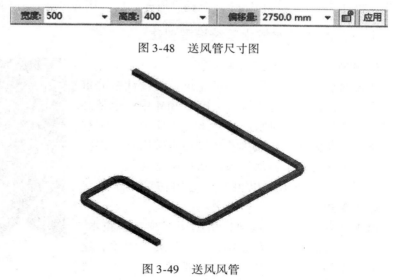

图 3-48　送风管尺寸图

图 3-49　送风风管

在粗略程度下，风管默认为单线显示；在中等和精细程度下，风管默认为双线显示。风管在三种详细程度下的显示不能自定义修改，必须使用软件设置。在创建风管管件和风管附件等相关族时，应注意配合风管显示特性，尽量使风管管件和风管附件在粗略详细程度单线显示，中等和精细视图下双线显示，确保风管管路看起来协调一致。

（7）可见性/图形替换。单击功能区中"视图"→"可见性/图形替换"，或者通过快捷键"VG"或"VV"打开当前视图的"可见性/图形替换"对话框。在"模型类别"选项中可以设置风管的可见性。勾选表示可见，不勾选表示不可见。设置"风管"族类别可以整体控制风管的可见性，还可以分别设置风管族的子类别，如衬层、隔热层等，控制不同子类别的可见性。

"模型类别"选项卡中右侧的"详细程度"选项可以控制风管族在当前视图显示的详细程度。默认情况下详细程度选择"按视图"，即根据视图的详细程度设置显示风管。如果风管族的详细程度设置为"粗略"或者"中等"或者"精细"，风管的显示将不依据当前视图详细程度的变化而变化，只根据选择的详细程度显示。如在某一视图的详细程度设成"精细"，风管的详细程度通过"可见性/图形替换"对话框设成"粗略"，风管在该视图下将以"粗略"程度的单线显示。

（8）风管图例。平面视图中的风管，可以根据风管的某一参数进行着色，帮助用户分析系统。

（9）隐藏线。"机械设置"对话框中"隐藏线"的设置，主要用来设置图元之间交叉、发生遮挡关系是的显示。

（10）风管标注。风管标注和水管标注的方法基本相同。这里强调一点，用户可以使用功能区中"注释"→"高程点"标注风管标高，也可以自定义注释族标记风管标高。族类型为"风管标记"的风管注释族，可以标记与风管相关的参数。如添加"底部高程"作为标签，将标注风管的管底标高；添加"顶部高程"作为标签，将标注风管的管顶标高。

十一、BIM 给水排水系统模型创建

1. BIM 给水排水系统创建优势

建筑的给水排水工程设计是建筑工程设计中的重要组成部分，在完整的建筑信息模型 BIM 中，也是必不可少的环节。目前对水厂与污水厂扩建或改造工程越来越多，考虑到节能减排和环境污染等因素，在扩建或改造工程设计中，水厂与污水厂深度处理工程必须得重视，BIM 技术可以很好地应用在给排水系统上，如图 3-50。

图 3-50 给水排水管道系统 BIM 应用

BIM 是指在建筑工程项目中利用三维数字技术，集成各种相关信息的工程数据模型。现在，大家普遍认为 BIM 具有可视化、协调性、模拟性、优化性、可出图性等特点。

而给水排水工程设计也有自身特点。首先是材料丰富、计算复杂。建筑给水排水工程不同的功能，其管道材料也有所不同，其安装要求也不同。其次，管道种类多、数量多，而且复杂。建筑给水排水工程不同功能的管道常常多达七、八种之多，其安装要求不同，因此合理地布置给水排水管道显得格外重要。第三，占建筑工程的投资少，但作用大。给水排水工程一般占整个项目投资的 10% 不到，但是给水排水的设计决定了建筑是否安全和舒适，因此给水排水工程是建筑必不可缺的组成部分。

BIM 技术平台给水排水工程设计效果，如图 3-51。

目前来看，BIM 在给水排水工程设计中至少凸显出五方面价值：

1）在协同设计方面。所有的专业都围绕着一个统一的模型，不仅简化了工作模式，而且强化了协同的有效性和联动性，使给水排水系统设计人员可以随

图 3-51 给水排水设计

时观察到所有专业设计人员的修改，给协同设计带来了质的飞跃。

2）在材料表统计方面。可以提供实时可靠的材料表清单，这些清单可以用于前期方案比选、成本估算与工程预决算。

3）在管道综合方面。BIM 模式的出现，使得繁琐的拍图过程简单化，可以直观反映出管道综合后的净空高度，满足了建筑专业需要。

4）在安装模拟方面。BIM 模式的出现，使得指导施工和施工过程中一些管线较多，复杂的顶棚区域更为方便。

5）在可视化设计方面。BIM 的具有先天的直观性和实时性，保证了信息传递过程中的完整与统一，BIM 从全局上进行绘制，保证了对系统的理解及把控，对于细微部分修改起来极其简便。

目前 BIM 在给水排水设计方面的应用还存在一些问题，如缺少符合中国建筑设计标准的构件，族库不够完善；生成二维图纸功能较弱，需二次深化；过多的参数造成分级分类方式过多，修改较为复杂，并且有许多冗余信息等。尽管现在 BIM 软件还有着诸多不完善的地方，但代表了当今设计工作的发展方向。随着建筑行业信息化进程的加快，BIM 设计必将有力推动给水排水工程设计的发展。

2. 管道类型设置

1）单击"系统"选项卡"卫浴和管道"功能区中"管道"按钮，进入管道绘制模式，激活"修改 l 放置管道"选项板。

2）单击"属性"面板中"编辑类型"按钮，打开"类型属性"对话框，如图 3-52 所示。

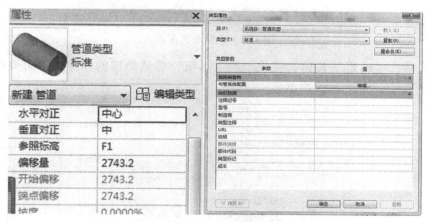

图 3-52　管道类型

3）在"类型属性"对话框中创建所需的管道类型：单击"复制"命令，打开"名称"对话框，输入"给水系统"，单击"确定"按钮返回"类型属性"对话框。

4）单击"类型属性"对话框中"类型参数"中"布管系统配置"后的"编辑"按钮，打开"布管系统配置"对话框，在该对话框中设置管段、弯头、首选连接类型等参数，如图 3-53、图 3-54 所示。

图 3-53　给水管道重命名

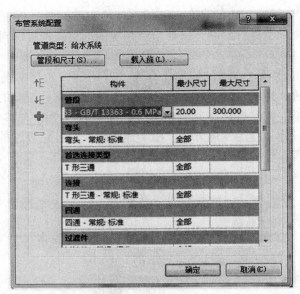

图 3-54 布管系统配置

5）依次单击"确定"按钮，完成"给水系统"管道类型的创建，再用类似方式创建"排水系统"管道，如图 3-55 所示。

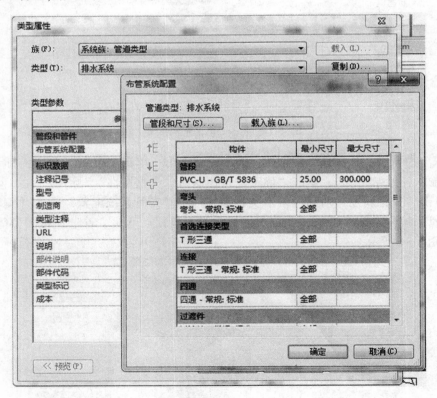

图 3-55 排水系统创建

3. Revit 给水排水立管标记族创建

单专业出图中，经常要对给水排水立管进行标注，那么我们需要创建一个立管标记族，对立管进行快速标记，如图 3-56 所示。

图 3-56　立管标记族

（1）首先要新建一个标记族，打开族样板中的"公制常规标记"，创建立管标记。

（2）创建标记族类别，选择管道标记，勾选"随构件旋转"。

（3）单击"创建"选项卡中的"标签"命令，在视图中添加标签，如图 3-57 所示。

通常情况下，我们是用立管属性中的"注释"来对立管进行标记，那么我们在编辑标签时，就需要添加标签参数为"注释"，单击"确定"按钮，

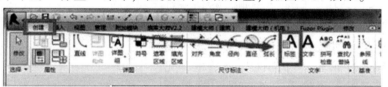

图 3-57　创建标签

一个简单的立管编号族就创建完成了，如图 3-58 所示。

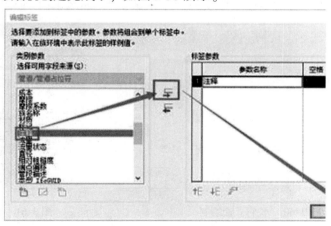

图 3-58　立管编号

（4）打开项目，载入刚刚创建好的立管标记族就可以对立管进行标记了。

注意：载入前需要删除族样板内已有的红色文字。

1）首先需要给立管进行添加注释。单击选择立管，然后在"属性"栏内"标识数据"列表下"注释"栏中直接进行注释。

注意：如果在建模过程中为立管添加了注释，就可以直接标记，如果没有添加，那就需要给所要标记的立管添加一个注释再进行标记。

2）接下来为创建的标记族指定标记类别。在"注释"选项卡下找到"标记"菜单，单击下拉箭头，选择"载入的标记和符号"，在弹出的对话框中将创建的标记族指定给管道/管道占位。

3）最后直接选择"注释"选项卡中的"按类别标记"命令，移动鼠标单击所需要标记的立管，对立管进行标记了，如图 3-59 所示。

4. 水平干管绘制

1）如图 3-60 所示，在"属性"面板单击"视图范围"后"编辑"按钮，弹出"视图范围"对话框；修改主要范围中的"底"及"视图深度"的"偏移量"均为" – 1500.0"，完成后单击"确定"按钮退出"视图范围"对话框。

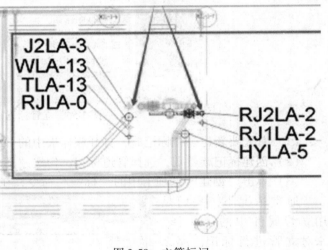

图 3-59　立管标记

2）单击"属性"面板"可见性/图形替换"后的"编辑"按钮，打开"可见性/图形替换"对话框，切换至"过滤器"选项卡，勾选"循环"过滤器"可见性"复选框，完成后单击"确定"按钮退出"可见性/图形替换"对话框。

3）单击"系统"选项卡"卫浴和管道"功能区中"管道"按钮，进入管道绘制模式。在"属性"选项栏的"管道类型"中选择"给水系统"，如图 3-61 所示。

图 3-60　水平干管绘制

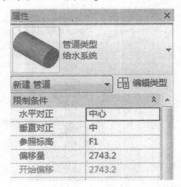

图 3-61　管道属性

4）激活"修改|放置管道"选项板，选中该选项板中"放置工具"功能区中的"自动连接"选项；同时激活"带坡度管道"功能区中"禁用坡度"选项，即绘制不带坡度管道图元。

5）在"修改|放置管道"选项栏中设置管道直径和偏移量，其中管道"直径"为"50.0mm"，"偏移量"为"–1400.0mm"，如图3-62所示。

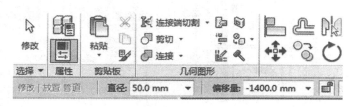

图3-62　管道修改

6）适当放大卫生间所在位置，选取适当的位置作为管道绘制的起点，沿垂直方向移动光标直到外墙室外位置单击作为第二点，绘制水平给水干管，完成后按〈Esc〉键两次退出管道绘制模式。

7）单击"视图"控制栏中"视图详细程度"按钮，修改视图详细程度为"精细"，则Revit将显示真实管线，如图3-63所示。

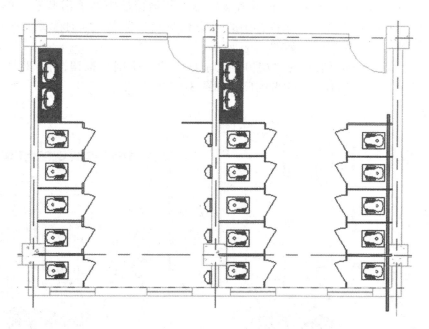

图3-63　真实管道显示

8）选择上一步绘制的管道，Revit给出了管道中心线与墙面距离的临时尺寸标注，修改该距离为100，如图3-64所示。

9）在"属性"选项板中，该管道的"系统类型"默认设置为"循环供水"，其中默认属性如图3-65所示，不修改任何参数，按〈Esc〉键退出当前选择集。

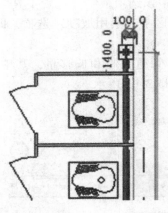

限制条件	
水平对正	中心
垂直对正	中
参照标高	F1
偏移量	-1400.0
开始偏移	-1400.0
端点偏移	-1400.0
坡度	0.0000%
机械	
系统分类	循环供水
系统类型	循环供水
系统名称	循环供水 1
系统缩写	
管段	PE 63 - GB/...
直径	50.0 mm

图 3-64　管道临时尺寸修改　　　　图 3-65　循环供水默认设置

5. 垂直干管绘制

1）切换至卫浴楼层平面视图。单击"视图"选项卡"窗口"功能区中"关闭隐藏对象"工具，关闭除当前视图外所有已打开视图窗。

2）单击快速访问栏中"默认三维视图"按钮，将视图切换至默认三维视图。

3）在默认三维视图中选择除 1F 卫浴装置以外其他楼层中的卫浴装置，单击"视图"控制栏"临时隐藏隔离"按钮，选择其中的"隐藏图元"选项，临时隐藏三维视图中其他楼层的卫浴装置，以便于操作，如图 3-66 所示。

4）单击"视图"选项卡中的"窗口"功能区中的"平铺"按钮，将 1F 楼层平面和三维视图平铺显示，其中三维视图的平铺显示如图 3-67 所示。

图 3-66　隐藏图元视图

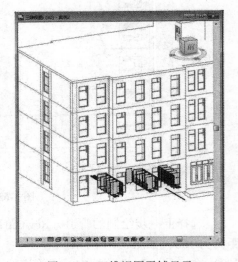

图 3-67　三维视图平铺显示

5）在平铺视图中单击 1F 楼层平面视图，激活 1F 楼层平面视图。使用"管道"工具，确认当前管道类型为"给水系统"。

6）在"修改 | 放置管道"选项栏中设置管道"直径"为"50.0mm""偏移量"为"3000.0mm"。

7）将鼠标指针移至已绘制完成的给水水平干管端点位置，Revit会自动捕捉至该端点，单击将该点作为绘制管线的起点，水平向左移动鼠标指针，直到左侧卫生间洗手盆位置再次单击，Revit将在1F标高之上3m的位置生成DN50水平管道，同时在捕捉的水平管线与当前管线之间生成垂直方向立管，如图3-68所示。

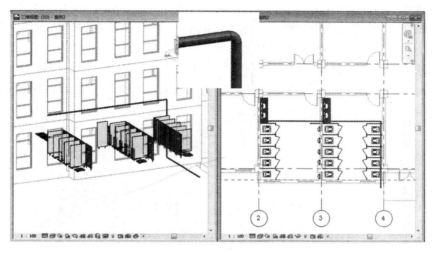

图3-68 立管展示

8）完成后按〈Esc〉键两次退出当前管线绘制状态。注意在管线与管线之间已经生成了90°的弯头。

9）继续使用"管道"工具，确认当前管道类型为"给水系统"，在"修改 | 放置管道"选项栏中设置管道"直径"为"40.0mm""偏移量"为"3000.0mm"，分别绘制1F其他水平管线。

10）利用修剪、延伸工具使各管线间保持连接，如图3-69所示。

11）由于上一步中绘制的管道直径为DN40，小于主管道的DN50。因此，Revit在生成三通图元的同时，还会自动生成过滤件图元，以匹配不同的管道直径。

12）选择本节操作中所有生成的水平管道、垂直管道以及管件，配合使用"复制到剪贴板"与"选定的标高对齐"粘贴的方式，将其对齐粘贴至其他标高。

13）切换至默认三维视图，适当放大1F与2F垂直管道位置，可以观察到垂直管道并未连接。选择三通管件图元，单击三通图元顶部"+"符号，将该三通连接管件修改为四通连接管件，如图3-70所示。

14）使用相同的方式，修改连接其他垂直管道，并

图3-69 管道修改

注意将管线修改至正确的长度位置。完成给水主干管的绘制。

15）在平铺视图中单击 1F 楼层平面视图，激活 1F 楼层平面视图。使用"管道"工具，确认当前管道类型为"给水系统"。

16）在"修改 | 放置管道"选项栏中设置管道直径为 20mm。

17）同时在"放置工具"功能区选项卡中激活"自动连接"和"继承高程"选项。

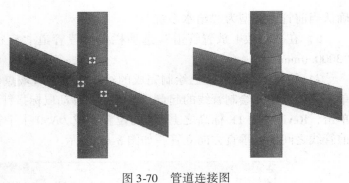

图 3-70　管道连接图

18）捕捉右侧干管绘制横支管，确认仍处于管道绘制状态，修改选项栏"偏移量"值为"1200.0mm"，单击"应用"按钮，在该管末端绘制垂直立管，如图 3-71 所示。

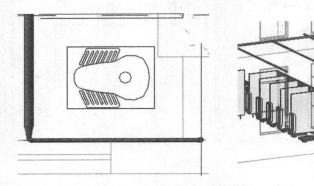

图 3-71　垂直立管

提示：继承高程是指连续绘制管道时，绘制管道的起点与已绘制管道的高程相同。

19）继续使用"管道"工具，管道"直径"和"偏移量"分别为"20.0mm"和"-30.0mm"。

20）移动鼠标指针至上一步中绘制立管处，Revit 自动捕捉至该立管中心线，当出现夹点捕捉标志后单击作为管道起点，沿水平方向向右移动鼠标指针至蹲便器进水口位置，单击完成给水支管的绘制，如图 3-72 所示。

21）完成一根给水支管的绘制后，可以使用相同的方式继续完成其他的给水支管。也可以采用"复制""镜像"等编辑工具，将已有支管绘制到其他蹲便器位置，如图 3-73 所示。

22）使用相同的方式绘制洗手盆和小便器的给水支管，如图 3-74 所示。

23）可以使用相似的方法绘制排水管道，但与给水管道不同的是：一般排水管道采用重力

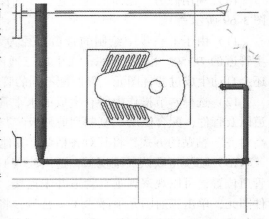

图 3-72　立管创建

排水，因此绘制的排水管道必须带有一定的坡度。

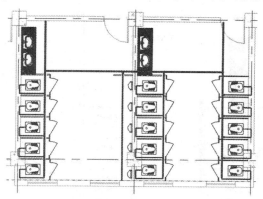

图 3-73 蹲式便器绘制位置图

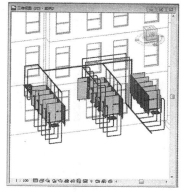

图 3-74 蹲式便器绘制位置图

24）为了绘制方便，通过"视图"控制栏中的"临时隐藏隔离"中的"隐藏图元"把给水管进行临时隐藏。

25）切换至 1F 卫浴楼层平面视图。使用"管道"工具，单击"修改丨放置管道"选项卡"带坡度管道"功能区中"向上坡度"或"向下坡度"，在"坡度值"列表中可根据需要进行选择。

26）单击"系统"选项卡"机械"功能区旁边的右下箭头，打开"机械设置"对话框，切换至"坡度"选项，单击"新建坡度"按钮，在弹出的"新建坡度"对话框中输入"3"，单击"确定"按钮即可添加新的坡度值，完成后再次单击"确定"按钮退出"机械设置"对话框，如图 3-75 所示。

27）在"属性"选项板的类型选择器中选择"管道类型"为"排水系统"，设置管

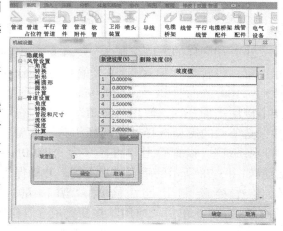

图 3-75 坡度设置

道"直径"为"150.0mm""偏移量"为"−1400.0mm"，设置"带坡度管道"功能区中坡度生成方式为"向下坡度"，设置"坡度值"为"3.0000%"，如图 3-76 所示。

图 3-76 排水管道参数设置

28）采用相同的方法绘制其他排水干管，如图 3-77 所示。

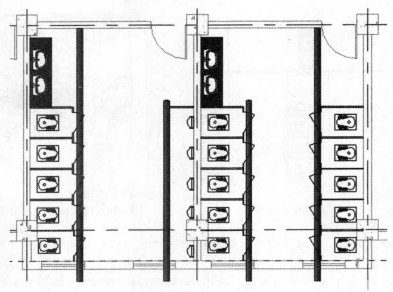

图 3-77　排水管道绘制

29）用同样的方法绘制 2、3、4 标高中的排水干管，将管道"直径"和"偏移量"分别修改为"100.0mm"和"－500.0mm"。切换至 1F 卫浴楼层平面视图。使用"管道"工具，在"属性"选项栏的类型选择器中选择"管道类型"为"排水系统"，设置管道"直径"为"100.0mm"，绘制如图 3-78 所示的垂直排水干管，并确保管道保持连接绘制状态，修改"偏移量"为"9000.0mm"，单击"应用"按钮完成立管绘制。

30）完成排水干管后用同样的方法绘制排水支管，使用"管道"工具，激活"继承标高"选项，设置坡度选项为"禁用坡度"；设置管道"直径"为"100.0mm"，捕捉至蹲便器中心延长

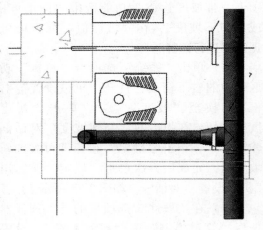

图 3-78　立管绘制

线与干管中心线的交点位置单击作为管道的起点，捕捉至蹲便器排水接头的中心位置单击结束管道绘制。

31）Revit 将自动生成水平、垂直管线，以及不同管径的过渡管件。

6. BIM 创建给水排水系统算量模型应注意的问题

1）排水立管宜靠近排水量最大的排水点，排水立管宜敷设在管道井内。

2）排水立管不得穿越卧室，病房等对卫生，安静有较高要求的房间，并不宜靠近与卧室相邻的内墙。

3）排水横支管应减少转弯，排水横支管的长度不宜大于 8m。

4）排水管道不得穿沉降缝、伸缩缝、变形缝、烟道和风道，排水管道不得敷设在变配

电间、电梯机房和通风小室内，排水管道不宜穿越橱窗、壁柜。

5）排水管道不得穿越生活饮用水池（箱）部位的上方。

6）当立管采用 PVC-U 加强型螺旋管时，管道应避免布置在热源附近，当不能避开，且表面温度可能超过 60℃时，应采取隔热措施。

7）塑料管应避免布置在易受机械撞击处，当不能避开时，应采取防护措施。

8）底层排水管宜单独排水。在保证技术安全的前提下，底层排水管也可接入排水立管合并排出或接入排水横干管排出；当接入排水立管时，最低排水横支管的管中心距排水横干管管中心的距离应大于或等于 0.6m。

9）当防火要求较高时，排水立管应采用加强型钢塑复合螺旋管。高层建筑的塑料管穿越楼层、防火墙、管道井井壁时，应根据建筑物性质、管径、设置条件和穿越部位防火等级等要求设置阻火胶带或阻火圈。

10）AD 型特殊单立管排水系统的排水立管顶端应设伸顶通气管，其管径不得小于立管管径。

11）AD 型特殊单立管排水系统可不设专用通气立管、主通气立管和副通气立管、当按规范规定需设置环形通气管或器具通气管时，环形通气管和器具通气管可在 AD 型接头处与排水立管连接。

12）相同楼层不同专业的，在各自模型中的"楼层编号"内输入相同的楼层编号，软件自动将各楼层各自专业进行组合。

13）楼层编号只输入数字不能含有汉字，地下室在数字前面加"﹣"号。

14）当有标准层的时候"楼层编号"中只输入标准层的起始编号，如 2~8 层为标准层，"楼层编号"输入"2"，"相同层数"输入"7"。

15）当有奇偶标准层的时候，"楼层编号"同样只输入标准层的起始编号，如 3~9 层偶数层，"楼层编号"输入"3"，"相同层数"输入"4"，同时将"奇（偶）层相同"选项勾选。

16）在模型窗口中的查看是对单层单专业的模型查看。

17）通过主界面中视图的查看可对多层、多专业进行查看，在右方可对查看的楼层、专业进行选择。

7. BIM 给水排水计算模型创建存在的问题

1）缺少符合中国建筑设计标准的构件，族库不够完善。

2）生成二维图纸功能较弱，需二次深化。

3）BIM 技术系统内在的参数能够涵盖设计、概预算、施工、物业管理等整个环节。但过多的参数造成分级分类方式过多，修改较为复杂，并且有许多冗余信息。

4）BIM 协同设计有两种模式——工作集和链接模式。链接模式下管道综合时调整管道较麻烦，工作集方式中权限的获得与释放较为繁琐。

5）数据流通的问题，其与各种分析软件的接口还不够完善。

6）进行管道计算、系统计算前，管道与器具、管道与设备必须建立逻辑连接和物理连接，有时候一处管道没连好，可能造成整个系统无法计算。

7）目前 BIM 设计还没有形成统一的满足施工要求的设计标准。

8）在项目中建成的单体构筑物二次利用难度较高，不仅不能在项目中设置变量，而且现有的模型复制和移动时经常出现管路连接断开、不能随意移动等问题。

BIM 技术是信息技术革命应用于建筑业的产物，尽管现在 BIM 软件还有着诸多不完善的地方，但它代表了当今设计工作的发展方向，随着建筑行业信息化进程的加快，BIM 设计也将不断完善和成熟。大力推广 BIM 技术，将有助于提高建筑企业的管理水平与技术水平，提高工程质量和效率，增强企业的竞争力。

十二、机电设备算量模型创建

1. 桥架设置

（1）先绘制电缆桥架管路，例如梯式或槽式电缆桥架，如图 3-79 所示。通过类型选择器，可以选择电缆桥架类型（带配件或者不带配件）。

（2）绘制电缆桥架时，可以在选项栏上指定宽度、高度、高程偏称量和弯曲半径。

（3）软件系统提供了两种不同的电缆桥架形式："带配件的电缆桥架"和"无配件的电缆桥架"。"无配件的电缆桥架"适用于设计中不明显区分配件的情况。两种电缆桥架形式在软件功能上的具体区别将在电缆桥架的绘制分析中具体介绍。"带配件的电缆桥架"和"无配件的电缆桥架"是作为两种不同的系统族来实现的，并在这两个系统族下面添加不同的类型。

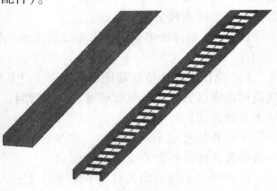

图 3-79　电缆桥架图

（4）建筑工程设计中，电气设计需要根据建筑规模、功能定位及使用要求确定电气系统，其包含配电系统、防雷系统、接地系统、照明系统和弱电系统等。

2. 电气设置

（1）基于 "Systems-Default CHSCHS. rte" 项目样板创建电气项目文件，并链接建筑模型到项目文件中来。

（2）单击"管理"→"设置"功能区中的"MEP 设置"，在其下拉菜单中选择"电气设置"，打开"电气设置"对话框，如图 3-80 所示。

（3）在进行配电设计之前，在项目文件中需要载入所需的电气族，如电气装置族、电气设备族、各种构件族、配电附件等。对于我国的设计项目，一些族需要根据本地设计规范行业标准略作修改（如电压）。同时，有些族需要用户根据需要自己创建。

3. 设备布置

（1）如果布置一般电气设备，如插座、配电箱等，可以直接将设备添加到视图中。当为暖通专业或给水排水专业提供一些动力设备，如空调、水泵等配电时，建议使用链接暖通专业或给水排水专业项目文件的方法来收集这些动力条件。

（2）布置电气设备，调用电气族软件提供了两种方式调用电气族。

1）在绘图区右侧的项目浏览器中，单击"族"展开，选择相应类别的族，如电气装置、电气设备等，然后选择其中所需的类型并拖到绘图区中。

2）单击"系统"→"电气"功能区的"电气设备"或"设备"或"照明设备"，在绘

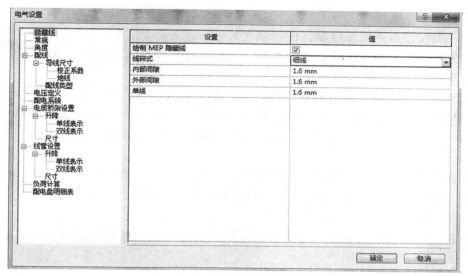

图 3-80 电气设置

图区左侧打开相应的"属性"选项板，在选项板的"类型选择器"中选择所需要的族及类型。

（3）根据项目需求将配电盘和插座放在电气平面的相应位置。

1）放置族、设备和配电盘的方法：根据族的类别、类型和项目所需的要求，选择合适的放置方式。

2）选择放置好的设备，通过"属性"选项板中"限制条件"中的"立面"和"偏移量"来确定设备的放置位置，如图 3-81 所示。

（4）为方便配电系统创建，修改设备名称。通过"属性"选项板中"常规"中的"××名称"修改设备名称，如图 3-82 所示。

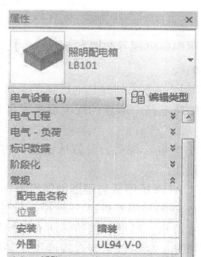

图 3-81 确定设备放置位置   图 3-82 修改设备名称

4. 创建配电系统

（1）选择绘图区中的配电盘，在"修改丨电气设备"选项栏中"配电系统"下拉菜单中为配电盘选择配电系统，如图 3-83 所示。

图 3-83　选择配电系统

（2）创建回路：根据项目需要，对插座设备进行规划划区，依次为这些区域的插座设备创建回路。首先选择绘图区中的某个区域的全部插座，激活"修改丨电气装置"选项板，单击"创建系统"功能区中的"电力"按钮创建线路。

当图面比较复杂时，可以通过"过滤器"工具选择所需的操作图元。

（3）创建完线路后，软件自动激活"修改丨电路"选项板，单击"系统工具"功能区中的"选择配电盘"。

配电盘选择成功后，线路中设备所在区域会通过绿色虚线框框起该区域，如图 3-84 所示。

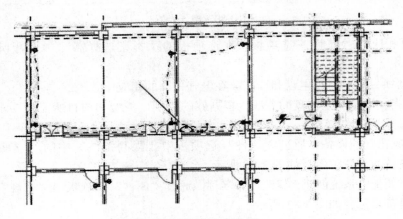

图 3-84　配电系统图

同时，图中会出现导线图案 ，通过单击该图案可以自动生成配线控制，为线路创建永久配线。

（4）用相同的方法创建其他区域的系统连接。

提示：创建电路中所选的配电盘必须事先指定配电系统，否则在系统创建时无法指定该配电盘。

（5）动力配电：将动力设备从链接文件复制到电气项目文件中，可以通过上述相同的方式创建线路。

5. BIM CATIA 机电算量模型创建应用

（1）BIM 技术采用 CATIA 三维模型软件可以将机电各专业，包括强电、弱电，空调风、空调水、给水排水、喷淋、消防等所有系统综合在一起，在施工前模拟机电系统安装完成后的管线排布情况，也可以更为直观地展现各系统的安装工序，通过碰撞检测，极大缓解了在机电安装过程中的标高重叠、位置冲突等问题，进而对设计院提供的图纸进行优化，减少施工过程中的返工，以达到指导施工和节约成本的目的。

（2）运用 BIM 技术进行幕墙深化设计和数字化加工。幕墙专业通过利用 BIM 技术，对外轮廓的设计进行模型深化，生成加工图和施工图，实现异形铝板的数字化建造。

（3）运用 BIM 技术进行钢结构深化设计和施工指导。直接通过钢结构模型生成加工图、零件图、材料表、施工图等，并实现相贯节点的数字化建造，如图 3-85。

图 3-85　钢结构模型

（4）在采用 CATIA 模型软件将设计院提供的各专业机电管线图汇总在一起前，可以使施工人员更好地了解设计意图，掌握各系统管道与线槽的材质及规格型号，明确楼层高度，在绘图过程中就可以发现机电管道之间存在的碰撞，进而将碰撞点消化；同时可以清晰直观地对综合管线进行排布，尽量减少翻弯以及管线冗长浪费，以做出最优方案进而指导现场施工。

（5）在机电专业方面的应用。

1）通常使用的二维制图软件，并不能保证图纸零碰撞，所以在施工过程中如发现错误就要拆改，既浪费人工又浪费材料，但是采用 CATIA 三维模型软件就可以避免此类问题，它能将所有碰撞在施工图绘制阶段解决，最大化的减少窝工返工，降低成本。

2）根据排布好的三维立体模型，综合系统可以采用综合支吊架，减少支架的使用，合理利用好了空间，同时降低了成本。只有采用管线综合布置技术才能更好地进行综合支吊架的选择与计算。

3）在采用 CATIA 绘制综合管线施工图的时候，可以优化设计院的设计图，减少管线的冗长浪费，例如设计院提供的图纸是在施工图绘制过程中通过综合排布将线槽放在靠近核心筒一侧墙位置，减少了走廊拐弯处以及进竖井的线槽使用，如图 3-86 所示。

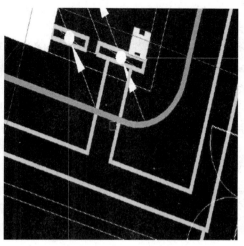

图 3-86　走廊拐弯以及进竖井线槽

举例：在绘制过程通过碰撞检验将碰撞点及时解决，减少窝工返工，调整前如图 3-87 所示。调整后如图 3-88 所示。

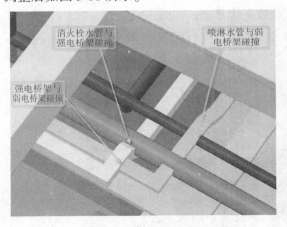

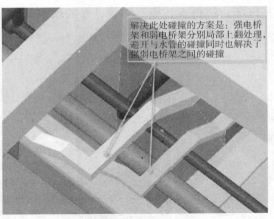

图 3-87　调整前机电模型　　　　　　　　图 3-88　调整后机电模型

第二节　BIM 工程算量模型整合

一、整合基本原则

（1）标高和轴网是设备（水暖电）设计中重要的定位信息，Revit 通过标高和轴网为建筑模型中各构件的空间进行定位。在 Revit 中进行机电项目设计时，必须先确定项目的标高和轴网定位信息，再根据标高和轴网信息建立设备中风管、机械设备、管道、电气设备、照明设备等模型构件。

（2）在机电项目设计过程中，需要与建筑、结构及机电内部各专业间及时沟通设计成果，共享设计信息。

（3）主要检查项目内图元之间以及项目图元与项目链接模型之间无效的交点，即发生碰撞的图元以及触碰位置，通过使用错漏碰缺检查命令可以快速准确地找到各专业、系统之间布置不合理之处，从而降低设计变更和成本超限的风险。

（4）在 Revit 中，可以利用标高和轴网工具手动为项目创建标高和轴网，也可以通过使用链接的方式，链接已有的建筑、结构专业项目文件。

（5）通过 Revit 的"链接模型"功能，主体文件可以实时读取链接文件信息以获得链接文件的有关修改通知，实现整个设计团队高效的协同工作。如在进行机电设计时，必须参考建筑专业提供的标高和轴网等信息，给水排水和暖通专业要提供设备的位置和设计参数给电气专业进行配线设计等，而机电专业则需要提供管线等信息给建筑或结构专业进行管线与梁柱等构件的碰撞。

二、链接原理

（1）Revit MEP 中的"链接模型"是指工作组成员在不同专业项目文件中以链接模型共

享设计信息的协同设计方法。这种设计方法的特点是：各专业独立，文件较小，运行速度较快，主体文件可以实时读取链接文件信息以获得链接文件的有关修改通知，但无法在主体文件中直接编辑链接模型。

（2）采用"链接模型"方法进行项目设计的核心是：链接其他专业的项目模型，并应用"复制/监视"功能监视链接模型中的修改。例如，设备工程师将建筑模型链接到 MEP 项目文件中，作为 MEP 设计的起点，建筑模型的更改在 MEP 项目文件中会同步更新，对于链接模型中某些影响协同工作的关键图元，如标高、轴网、墙、卫生器具等，可应用"复制/监视"进行监视，建筑师一旦移动、修改或删除了受监视的图元，设备工程师就会收到通知，以便调整和协同设计。建筑、结构项目文件也可链接 MEP 项目文件，实现三个专业文件互相链接，这种专业项目文件的互相链接也同样适用于各设备专业（给水排水、暖通和电气）之间。

Revit 项目中可以链接的文件格式有 Revit 文件（RVT）、CAD 文件（DWG、DXF、DGN、SAT 和 SKP）和 DWF 标记文件。下面将重点介绍如何链接、管理和绑定 Revit 模型，以及如何应用"复制/监视"功能。

三、整合方法步骤与操作

BIM 工程算量模型整合及图元复制的步骤车操作见表 3-1。

表 3-1　BIM 工程算量模型整合及图元复制的步骤与操作

类　别	内　容
插入链接模型	以 MEP 项目样板文件链接建筑模型生成 MEP 设计的主体文件为例 （1）选择一个 MEP 项目样板文件新建一个项目或打开现有项目 （2）单击"插入"→"链接 Revit"，打开"导入/链接 RVT"对话框。在该对话框中，选择需要链接的 Revit 模型 （3）指定"定位"方式，在"定位"一栏中有 6 个选项，如图 3-89 所示。大多数情况下选择"自动-原点到原点" 　"定位"栏各选项的意义分别是： 　1）自动–中心到中心：将导入的链接文件的模型中心放置在主体文件的模型中心。Revit MEP 模型的中心是通过查找模型周围的边界框中心来计算的 　2）自动–原点到原点：将导入的链接文件的原点放置在主体文件的原点上，如图 3-90 所示。用户进行文件导入时，一般都应该使用这种定位方式 　3）自动–通过共享坐标：根据导入的模型相对于两个文件之间共享坐标的位置，放置此导入的链接文件的模型。如果文件之间当前没有共享的坐标系，这个选项不起作用，系统会自动选择"中心到中心"的方式。该选项仅适用于 Revit 文件 　4）手动–原点：手动把链接文件的原点放置在主体文件的自定义位置 　5）手动–基点：手动把链接文件的基点放置在主体文件的自定义位置。该选项只用于带有已定义基点的 AutoCAD 文件 　6）手动–中心：手动把链接文件的模型中心放置到主体文件的自定义位置 （4）单击右下角的"打开"按钮，该建筑模型就链接到了项目文件中。注意单击"打开"前可通过单击旁边的下拉按钮，选择需要打开的工作集 （5）模型链接到项目文件中后，在视图中选择链接模型，可对链接模型执行拖拽、复制、粘贴、移动和旋转操作。通常习惯将链接模型锁定，以避免被意外移动

（续）

类　别	内　容
插入链接模型	（6）选中链接模型，单击功能区中"修改"→"锁定"　　按钮，链接模型即被锁定，如图3-91所示 （7）链接的 ReVit 模型列在项目浏览器的"Revit 链接"分支中。如果项目中链接的源文件发生了变化，则在打开项目时将自动更新该链接
实例属性设置	（1）设置实例属性。单击链接模型，在"属性"对话框中可查看其实例属性 　1）名称：指定链接模型实例的名称，在项目中生成链接模型的副本（即复制链接模型）时，会自动生成名称。可以修改名称，但名称必须唯一 　2）共享场地：指定链接模型的共享位置 （2）设置类型属性。单击"属性"对话框中的"编辑类型"按钮，可查看链接模型"类型属性" 　1）房间边界：勾选该选项，可使主体模型识别链接模型中图元的"房间边界"参数。如果将建筑模型链接到 MEP 模型中，通常勾选该选项，读取建筑模型中房间边界信息放置空间 　2）参照类型：确定在将主体模型链接到其他模型中时，将显示（"附着"）还是隐藏（"覆盖"）此链接模型 　3）阶段映射：指定链接模型中与主体项目中的每个阶段对应的阶段
视图设置	（1）视图属性设置。在建筑、结构模型中，视图样板的"规程"大多设置为"建筑"或"结构"，而在 MEP 项目样板文件中，视图样板的"规程"通常默认设置为"机械"或"电气" （2）当建筑结构模型链接到 MEP 项目样板文件中后，可能无法在主体模型的绘图区域中看到链接模型，此时，可以在主体文件当前视图的"属性"对话框中选择"协调"作为"规程"（见图3-92）。该设置将确保视图显示所有规程（建筑、结构、机械和电气）的图元 （3）可以通过使用"视图样板"批量修改视图。其操作方法是： 　1）单击功能区中"视图"→"视图样板"→"管理视图样板"，打开"视图样板"对话框（见图3-93） 　2）在"视图样板"对话框中，在"显示类型"下拉列表中选择"全部"，显示所有的默认视图样板，然后选择要设置的默认视图样板，并在右侧的"视图属性"列表中，选择"协调"作为"规程" 　3）切换到要修改的视图，在其"属性"对话框中选择一种视图样板作为"默认视图样板"，然后单击功能区中"视图"→"视图样板"→"将样板应用于当前视图"，完成修改
参照类型设置	当导入包含链接模型的模型时，子链接模型就会成为嵌套链接。嵌套链接在主体模型的显示将根据父链接模型中的"参照类型"设置 打开嵌套链接的父链接模型，单击功能区中"管理"→"管理链接"，打开"管理链接"对话框。"参照类型"下拉列表中有两个选项："覆盖"和"附着"。选择"覆盖"，当父链接模型链接到其他模型中时，不载入嵌套链接模型（因此项目中不显示这些模型），选择"附着"则显示嵌套链接模型，在插入链接模型时，默认设置为"覆盖" 例如，项目 A 被链接到项目 B 中（B 即是项目 A 的父链接模型），如果在项目 B 中的参照类型设置为"覆盖"，那么当项目 B 被链接到另一项目 C 中，在项目 C 中，隐藏嵌套链接 A；如果选择"附着"，在项目 C 中显示嵌套链接 A。需注意的是，在项目中，可见的嵌套链接显示在项目浏览器的"Revit 链接"分支中的相应父链接模型下，嵌套链接不会显示在"管理链接"对话框中
可见性/图形替换设置	打开主体文件，单击功能区中"视图"→"可见性/图形"或直接键入"VV"或"VG"，打开"可见性/图形替换"对话框（见图3-94） 在"Revit 链接"选项卡中，主体模型中的链接模型按树状结构排列，父节点表示单独文件（主链接模型），子节点表示项目中模型的实例（副本）。修改父节点会影响所有的实例，而修改子节点仅影响该实例。图3-95 中，"111. rvt"和"初始. rvt"为主链接模型，它们下面的"2"和"1"是它的两个实例名称

（续）

类　别	内　　　容
可见性/图形替换设置	（1）"可见性/图形"对话框中的"Revit链接"选项卡包括下列内容： 1）可见性：勾选该选项显示视图中的链接模型，取消勾选则隐藏链接模型 2）半色调：勾选该选项，按半色调显示链接模型，这样有助于区分模型中的图元和当前项目中的图元 3）显示设置：单击该按钮，打开"RVT链接显示设置"对话框，进一步设置链接模型在主体模型中的显示。在"基本"选项卡中，选择下列三个显示设置之一： ①按主体视图：链接模型及嵌套链接模型的显示按主体项目的视图设置。选择该选项，"RVT链接显示设置"对话框各选项卡中的所有选项都不可编辑 ②按链接视图：链接模型及嵌套链接模型的显示按其链接模型本身的视图设置。选择该选项，仅可在"基本"选项卡的"链接视图"一栏中选择依据的视图 ③自定义：允许对链接模型及嵌套链接模型的显示进行控制。选择该选项，"模型类别""注释类别""分析模型类别""导入类别""工作集"选项卡都被激活，可以分别对它们进行设置。如果在链接文件中使用了"设计选项"的话，则"设计选项"选项卡也可用 （2）需注意以下几点： 1）如果选择了链接模型实例（例如图3-95中的实例"1（＜未共享＞）"或"2（＜未共享＞）"），则在"基本"选项卡中先勾选"替换此实例的显示设置"，然后再进行设置 2）在"基本"选项卡中，还可以控制嵌套链接的显示依据，在"嵌套链接"一栏有两个选项： 第一，按父链接：父链接的设置控制嵌套链接，将会应用父链接模型指定的可见性和图形替换设置 第二，按链接视图：将会应用在顶层嵌套链接模型中指定的可见性和图形替换设置。顶层嵌套链接模型是第一个嵌套链接模型。例如，有主体模型、链接模型（父链接）以及链接到父链接的模型（嵌套链接）。嵌套链接视为顶层嵌套链接模型
查看图元属性	（1）在绘图区域中，将鼠标指针移动到要查看的图元上，按〈Tab〉键直到链接模型（包括其中的嵌套模型）中的图元高亮显示，然后单击该图元将其选中，可查看图元的属性 （2）链接模型中的图元的全部属性都为只读
对齐图元	（1）可以将链接模型中的图元用作尺寸标注和对齐的参照，也可以创建主体模型中的图元和链接模型中的图元之间的限制条件。例如，将链接楼层约束到主体模型中的标高 （2）当链接模型所约束到的图元移动时，链接模型会作为整个实体移动。对于链接模型（或链接模型中的某个图元）的约束仅会移动链接模型，而不会移动主体模型中的图元。不允许对使用共享位置的链接进行约束
标记图元	（1）在主体模型的某个视图中标记图元时，也可以标记链接模型和嵌套链接模型中的图元 （2）可以通过"按类别标记"或"全部标记"工具，在标记主体模型中图元的同时标记链接图元。例如，单击功能区中"注释"→"全部标记"，打开"标记所有未标记的对象"对话框，勾选"包括链接文件中的图元"，然后进行标记 （3）在链接模型和嵌套链接模型中，可以标记大多数类别的图元，但不能放置云线批注标记 （4）在主体视图中，当标记链接模型的图元时，这些标记仅存在于主体模型中，而并不存在链接模型中 （5）在标记主体图元时，可以编辑标记中所显示的值，从而修改图元的属性。但在标记链接图元时，不能通过编辑标记来修改链接图元的属性 （6）当标记链接模型中的房间时，如果当前模型中的房间与要放置标记的链接模型中的房间重叠，则将标记当前模型中的房间 （7）同理，当标记面积和空间时，也遵循当前模型优先的原则。当标记链接文件中的其他图元时，如果这些图元与当前文件中的图元重叠，按〈Tab〉键将高亮显示链接文件中的图元，可对其进行标记

(续)

类　别	内　容
标记图元	（8）如果在标记了链接模型中的图元后，卸载或丢失了链接模型，则标记不再显示在主体模型中，链接模型恢复后，标记重新显示在原来的位置 （9）如果删除了链接模型，则标记从主体模型中删除，再次链接模型，则必须重新添加标记 （10）如果在主体模型中标记了链接图元，而这些图元在链接模型中发生了移动，其标记会随着图元在主体视图中移动，相对于图元的位置保持不变。如果标记所对应的链接图元被删除，标记仍会孤立存在 （11）只要载入链接模型，孤立的标记就会出现在主体视图中，这样的标记不显示引线，如果该标记原来显示的是一个参数值，此时就会显示问号"?"。打印或导出视图时会包括孤立的标记，可以将孤立的标记进行移动、删除或变更主体
复制图元	可以将链接模型中的图元复制到剪贴板，然后将其粘贴到主体模型中。其操作方法是： （1）在绘图区域中，将鼠标指针移动到要复制的链接模型中的图元上，按〈Tab〉键直到要复制的图元高亮显示，然后单击该图元将其选中 （2）单击功能区中的模型跳转到"修改 | RVT 链接"界面→"复制"按钮 （3）在绘图区域中单击以放置图元。放置图元后激活"修改 | 模型组"选项卡，单击"√"按钮，完成粘贴。粘贴后的图元将直接从属于主体模型，可以对其进行编辑。在完成前，同样也可以在选项卡中单击"编辑粘贴的图元"按钮，对图元先进行编辑
协调主体	（1）图元在以下两种情况下可能会被孤立： 1）在主体项目中添加了一个以链接模型中某图元为主体的图元，而该链接图元后来被移动或删除。如链接模型中的某面墙被删除，则之前在主体项目中基于该墙所添加的脸盆将被孤立 2）在主体项目中为链接模型中某个图元添加了标记，而后来从链接模型中删除了该链接图元，则标记被孤立 （2）如果出现孤立图元，在打开主体项目时，会显示"协调监视警报"，提示需要协调主体。用户可以在主体项目中查看这些孤立图元，并为其选择新的主体或者将其从主体项目中删除 （3）查看孤立图元 1）"协调监视警报"出现后，单击"确定"按钮，打开项目文件。单击功能区中"协作"→"协调主体"，打开"协调主体"浏览器。该浏览器默认停靠在 Revit 窗口的右侧，可以通过拖拽其标题栏将其移动到所需位置 2）可单击浏览器标题栏下方的"排序"按钮指定列表排序规则，"按链接、类别顺序"或"按类别、链接顺序"对列表排序 3）要显示某个孤立图元，在"协调主体"浏览器中选择该孤立图元，单击标题栏下方的"显示"按钮，在绘图区域中将放大并高亮显示该图元。如果要设置图元的显示效果，可单击标题栏下方的"图形"按钮，打开"图形"对话框，指定"线宽""颜色"和"填充图案"，并勾选"将设置应用到列表中的图元" （4）变更孤立图元的主体 在"协调主体"浏览器中右击孤立图元，选择"拾取主体"命令，然后在绘图区域中选择新主体以变更孤立图元的主体，也可选择"删除"命令，删除孤立图元 另一种方法是在绘图区域中直接选择孤立图元后，单击功能区中"拾取新主体"或"拾取新的工作平面"按钮，然后在绘图区域中选择新主体
项目标准传递	可使用"传递项目标准"工具将项目标准从链接模型传递到主体模型。项目标准包括族类型（只包括系统族，而不是载入的族）、线宽、材质、视图样板、机械设置、电气设置和对象样式。传递项目操作方法是： （1）打开主体模型，单击功能区中"管理"→"传递项目标准"，打开"选择要复制的项目"对话框

（续）

类 别	内 容
项目标准传递	（2）在"选择要复制的项目"对话框中，选择要从中复制的源文件（即主体模型中的链接模型），选择所需的项目标准，单击"确定"按钮 该方法同样适用于将某个项目的项目标准复制到另一个项目的情况，复制项目标准时，这两个项目文件必须同时打开
管理链接	（1）打开"管理链接"对话框的方法有三种： 方法一，单击功能区中"插入"→"管理链接" 方法二，单击功能区中"管理"→"管理链接" 方法三，单击绘图区域中某链接模型，激活"修改｜RVT链接"选项卡，单击"管理链接" （2）"管理链接"对话框中有"Revit""CAD格式""DWF标记""点云"等选项卡 1）选项卡下面的各列提供了有关链接文件的信息，且可以在"管理链接"对话框中对信息进行排序 单击列项眉，可按该列中的值对行进行排序 再次单击该列项眉，可按相反的顺序进行排序。例如，单击"链接的文件"列项眉可按文件名的字母顺序对行进行排序。默认情况下，按链接文件名对行进行排序。并且下次打开该对话框时，信息按上次指定的方式排序 2）单击"Revit"选项卡，在"Revit"选项卡中显示了链接文件的"状态""参照类型""位置未保存""保存路径""路径类型""本地别名"信息 "状态""位置未保存""保存路径""本地别名"，这些参数都是只读状态，显示的链接文件的相关信息 "状态"：指示在主文件中是否载入链接文件。该字段将显示为"已载入""未载入""未找到" "位置未保存"：指示链接模型的位置是否保存在共享坐标系中 "保存路径"：指示的是链接文件在计算机上的位置。在"工作共享"中，如果链接模型为中心文件的本地副本，则"保存路径"下显示的是它的中心文件的路径 "本地别名"：指示的是链接文件的本地位置，如果链接文件已经是中心文件了，则"本地别名"为空 "参照类型"：具体内容见前述的"链接模型可见性" "路径类型"：在"路径类型"的下拉列表中有两个选项——"相对"和"绝对"，使用时通常选择"相对"，这样当项目文件跟链接文件一起移动到新目录中时，链接可以继续正常工作。如果选择"绝对"，链接将被破坏，需要重新载入，如果链接到工作共享的项目（如其他用户需要访问的中心文件）文件可能不会移动，最好使用"绝对"路径 3）链接管理选项：在"链接的文件"列下单击或选择多个链接文件，可通过以下选项对链接文件进行相关操作 "保存位置"：保存链接实例的新位置 "重新载入来自"：如果链接文件已被移除，更改链接的路径 "重新载入"：载入最新版本的链接模型。也可以先关闭项目再重新打开项目，链接的模型将自动重新载入。如果启用了工作共享，则链接包含在工作集中。如果更新链接文件并想重新载入该链接，则该链接所处的工作集必须处于可编辑状态。如果工作集不可编辑，则会显示一条错误信息，指示由于工作集未处于可编辑状态，因为不能更新链接 "卸载"：删除项目中链接模型的显示，但继续保留链接 "删除"：从项目中删除链接 "管理工作集"：如果链接模型中已创建了工作集，则该选项可编辑。单击该选项，打开"管理链接的工作集"对话框，通过单击"打开"和"关闭"按钮控制链接模型中工作集的可见性，然后单击"重新载入"按钮，载入更新

（续）

类　别	内　容
斜链接的 Revit 模型 转换为组	（1）"绑定链接"可使链接模型转换为组并载入到主体项目中，成组后可以编辑组中的图元，完成编辑后，也可以将组转换为链接的 Revit 模型 　　在绘图区域中选择链接 Revit 模型，单击功能区中"修改 | RVT 链接"→"绑定链接"，打开"绑定链接选项"对话框，选择要在组内包含的图元和基准，然后单击"确认"按钮 　　（2）如果项目中有一个组的名称与链接的 Revit 模型的名称相同，则将显示一条消息指明此情况。可以执行下列操作之一： 　　1）单击"是"按钮替换现有组 　　2）单击"否"按钮使用新名称保存组。选择"否"会将显示另一条消息，说明链接模型的所有实例都将从项目中删除，但链接模型文件仍会载入到项目中。可以单击消息对话框中的"删除链接"按钮将链接文件从项目中删除，也可以在"管理链接"对话框删除该文件 　　3）单击"取消"按钮可以取消转换 　　（3）单击转换后的组，在功能区"修改 | 模型组"选项卡的"成组"面板中可以进一步对组进行操作，以修改其中的图元
将组转换 为链接的 Revit 模型	（1）创建"组"，选择创建组的对象，跳转到图示界面，单击"创建组"按钮 　　（2）在绘图区域中选择链接 Revit 模型，单击功能区中"修改 | 模型组"→"链接"，打开"转换为链接"对话框 　　（3）在"转换为链接"对话框中，选择下列选项之一： 　　1）转换为新的项目文件：创建新的 Revit 模型。选择该选项时，将打开"保存组"对话框。定位到要保存文件的位置，如果需要新链接具有与组相同的名称，则采用默认名称，否则输入链接的名称，然后单击"保存"按钮 　　2）替换为现有项目文件：将组替换为现有的 Revit 模型。选择此选项时，将打开"打开"对话框。定位到要使用的 Revit 文件的位置，然后单击"打开" 　　（4）如果项目中有一个链接 Revit 模型的名称与组相同，则将显示一条消息指明此情况。可以执行下列操作之一： 　　1）单击"是"按钮以替换文件 　　2）单击"否"按钮使用新名称保存文件。将打开"另存为"对话框，用以输入链接 Revit 模型的新名称 　　3）单击"取消"按钮以取消转换
复制标高 等图元	（1）链接模型可使用"复制"工具复制的图元类别有：标高、轴网、墙、柱（非斜柱）、楼板、洞口和 MEP 设备（卫浴装置、喷头、安全设备、护理呼叫设备、数据设备、机械设备、火警设备、灯具、照明设备、电气装置、电气设备、电话设备、通信设备和风道末端） 　　（2）在复制设置和方法上，复制标高、轴网、墙、柱（非斜柱）、楼板、洞口基本相同，而复制 MEP 设备与它们略有差别 　　（3）链接建筑模型后，在 MEP 项目文件中，单击功能区中"协作"→"复制/监视"→"选择链接"。如果选择"使用当前目录"，则复制和监视当前项目中的选定图元 　　（4）在绘图区域中拾取链接模型后，激活"复制/监视"选项卡 　　（5）指定"选项"：选择要复制的图元之前，先指定图元类型的选项。单击"复制/监视"选项卡中的"选项"按钮，打开"复制/监视"选项对话框 　　在该对话框中，"标高""轴网""柱""墙""楼板"选项卡包含针对各自图元类型的设置，可以设置复制图元与原始图元的关系 　　（6）在"要复制的类别和类型"列表中，如果要将另一类型应用于选定图元的副本，则先在"原始类型"列中找到该图元类型，然后在同一行的"新建类型"列中选择"不复制此类型"

（续）

类　　别	内　　容
复制标高 等图元	（7）在"其他复制参数"列表中，可指定某类别的特定参数所需复制的值，下面分别说明各选项卡中的复制参数 （8）标高的复制/监视参数有以下几个： 1）标高偏移。以原始标高为基准，根据指定的值垂直偏移复制的标高 2）重用具有相同名称的标高。选择该选项时，如果当前项目中包含的某一标高与链接模型中的某一标高同名，则将当前项目中的现有标高移动到与链接模型中相应标高相匹配的位置，并在这些标高之间建立监视 3）重用匹配标高。包括三个选项： ①"不重用"，是指创建标高的副本，即使当前项目已在相同高程包含标高 ②"如果图元完全匹配，则重用"，是指如果当前项目中包含某一标高与链接模型中的某一标高位于相同高程，则不会复制链接模型中的标高，而是将在当前项目和链接模型中的这些标高之间建立监视 ③"如果处于偏移内，则重用"，是指如果当前项目中包含某一标高与链接模型中的某一标高所位于的高程近似（在"相对标高"参数的值内），则不会复制相应的标高，而是将在当前项目和链接模型中的这些标高之间建立监视 4）为标高名称添加后缀/前缀。输入为复制的标高名称添加的后缀和前缀 （9）轴网的复制参数有以下几个： 1）重用具有相同名称的轴网。选择该选项时，如果当前项目中包含的某一条轴网线与链接模型中的某一条轴网线同名，则不会创建新的轴网线，而是使用当前项目中的现有轴网线，将其移动到与链接模型中相应轴网线相匹配的位置，并在这些轴网线之间建立监视 2）重用匹配轴网。包括两个选项： ①"不重用"，是指创建轴网线的副本，即使当前项目已在相同位置包含轴网线 ②"如果图元完全匹配，则重用"，是指如果当前项目中包含某一轴网线与链接模型中的某一轴网线位于相同位置，则不会复制链接模型中的轴网线，而是将在当前项目和链接模型中的这些轴网线之间建立监视 3）为轴网线名称添加后缀/前缀：输入为复制的轴网名称添加的后缀和前缀 （10）柱的复制参数：按标高拆分柱。如果勾选该参数，在链接模型内的多个标高延伸的柱在复制到当前项目中时将在标高线被拆分为更短的柱。如建筑师设计模型时经常使用一个实心几何图形作为在建筑的多个标高中延伸的柱。但是，结构工程师希望柱仅从一个标高延伸至下一个标高，使用此功能可以帮助结构工程师避免分析模型中的问题 （11）墙的复制参数："复制窗/门/洞口"。如果勾选该参数，则复制的墙将包含基于主体的洞口（包括例如门和窗等插入对象的洞口） （12）楼板的复制参数："复制洞口/附属件"。如果勾选该参数，则复制的楼板将包含基于主体的洞口和附属件（例如，竖井洞口） （13）指定图元类型的选项后，使用"复制"工具（该工具不同于其他用于复制和粘贴的复制工具）创建选定的副本，并在复制的图元和原始图元之间建立监视关系。如果原始图元发生修改，则打开主体项目或重新载入链接模型时会显示一条警告。例如，可以将链接建筑模型中的标高复制到 MEP 模型中，在建筑模型中移动标高时，将显示一条警告提示设备工程师，按以下步骤选择并复制图元： 1）在"复制/监视"选项卡中单击"复制"按钮后激活"复制/监视"选项栏 2）在绘图区域中选择一个图元，如果要选择多个图元，则勾选"复制/监视"选项栏中的"多个"，然后在绘图区域中框选图元，单击选项栏中的"过滤器"按钮，使用"过滤器"选择图元类别，单击"确定"按钮后，在选项栏中单击"完成"按钮（图 3-96） （14）如果在当前项目中选择某一复制的图元，则在该图元旁边将显示一个监视符号🔲，以指示该图元与链接模型中的原始图元有关。在功能区选项卡中同时出现"停止监视"按钮，如果单击该按钮，将停止出现对该图元的监视，从主体项目中删除链接模型，将停止对所有图元的监视

（续）

类　别	内　容
复制 MEP 设备	（1）建筑师通常先在建筑模型中布置一些卫生器具（装置）和照明设备等，设备工程师随后在此基础上布置管线。在链接模型后，通常需要复制和监视这部分图元，以确保建筑师修改 MEP 设备后设备工程师能及时收到通知 （2）在 Revit MEP 中，要注意的是，只能复制和监视链接模型（不包括其中的嵌套模型）中的设备，不能复制和监视当前项目中的设备 （3）与上面"复制标高等图元"操作不同的是，需要先在"坐标设置"中为各类别的 MEP 设备指定"复制行为"和"映射行为"。通过事先指定默认设置，可以简化复制过程 （4）"复制 MEP 设备"的具体操作方法如下： 1）指定"坐标设置"。选择要复制的 MEP 设备之前，先指定 MEP 设备的"复制行为"和"映射行为"。单击功能区"协作"→"坐标设置"，打开"协调设置"对话框 2）在"协调设置"对话框中，在"将设置应用于"一栏中选择"新链接"（针对之后添加到主体项目中的链接）或主体项目中某链接模型，然后为这四种类别的图元分别制定"复制行为"和"映射行为" （5）"复制行为"有三个选项： 1）允许批复制：选择该项后，在启动"复制/监视"工具时，可通过单击"复制/监视"选项卡中的"批复制"工具按钮在批处理模式下复制所选类别中的设备 2）单独复制：所选类别中的设备将不会以批处理模式进行复制，只能使用"复制/监视"选项卡中的"复制"工具来选择要复制的个别设备 3）忽略类别：不将该类别的任何设备从链接模型复制到当前项目 （6）"映射行为"有两个选项： 1）复制原始对象：选择该项后，所复制的设备与链接模型中的原始设备将具有相同的族类型。如果主体项目中已包含同名的族类型，则所复制设备的类型名称之后会附加一个数字以示区别 2）复制标高等图元：很多设备是基于主体（实体）的族，所以需要先复制建筑模型中的标高等图元 （7）复制 MEP 设备。指定"坐标设置"并复制标高等图元后，使用"复制"或"批复制"工具创建选定 MEP 设备的副本，并在复制 MEP 设备和原始 MEP 设备之间建立监视关系 1）如果原始 MEP 设备发生修改，则打开主体项目或重新载入链接模型时会显示一条警告 2）使用"复制"工具复制 MEP 设备的步骤与复制标高等图元的步骤相同 3）使用"批复制"工具的前提是在"坐标设置"中指定"允许批复制"为"复制行为"。单击"复制/监视"选项卡中"批复制"按钮，在"设备已找到"对话框中，单击"复制设备"按钮（图3-97）。如果仍重新指定类型映射行为，则选择"指定类型映射行为，并复制设备"，打开"协调设置"对话框进行设置后，再单击对话框中的"复制"按钮 4）如果在链接的建筑模型中移动、修改或删除所复制的任何设备，或者添加了新设备，则机械工程师在打开主体项目或重新载入建筑模型时，就会获得关于这些修改的通知，这些警告也在协调查阅中显示
监视	（1）使用"监视"工具的操作方法如下： 1）在"复制/监视"选项卡中单击"监视"按钮 2）选择当前项目中的某一图元 3）选择链接模型中相同类型的某一图元，则在步骤2）中选择的当前项目的图元旁边将显示一个监视符号，以指示该图元与链接模型中的原始图元有关 4）根据需要，继续选择任意多个图元对 5）单击选项卡中的"√"按钮 如果在主体项目中移动、修改或删除监视图元，将出现相应的警告，如果受监视图元对应的链接模型中的原始图元被移动、修改或删除，则打开主体项目或重新载入链接模型时会显示一条警告

（续）

类　　别	内　　容
监视	（2）在执行"复制/监视"之后，使用"协调查阅"工具查阅有关被移动、修改或删除的受监视图元的警告列表。各专业设计人员可以定期查阅该列表，并与其他设计人员进行沟通，解决有关对建筑模型进行更改的问题 （3）关闭消息后，主体项目文件随即打开，单击功能区中"协作"→"复制/监视"→"选择链接"，在绘图区域单击链接模型，打开"协调查阅"对话框，查阅链接模型中受监视的图元（如果选择"使用当前项目"，则查阅当前项目中受监视的图元） （4）使用"复制/监视"工具：在图元之间建立关系后，如果受监视图元对应的链接模型中的原始图元被移动、修改或删除，则打开主体项目或重新载入链接模型时会显示一条警告，可以通过单击"展开"查看需要协调的链接模型的名称，然后单击"确认"按钮，关闭消息 （5）"协调查阅"对话框中可执行的操作如下： 可按"状态""类别""规则"组织消息，通过选择"成组条件"修改列表的排序方式，并可以通过勾选对话框下方"推迟"和"拒绝"复选框进一步按"状态"对消息进行过滤 （6）要指定针对某一修改的操作，单击"操作"列并从下拉列表中选择某一操作，这种"操作"仅影响当前项目，不会对链接模型进行修改。"操作"下拉列表中的可用操作值随修改类型的不同而发生变化，主要有以下几种： 1）不进行任何操作：不采取任何操作，可以以后再解决修改 2）推迟：暂时不做操作，可以以后再解决修改 3）拒绝：选择该操作表明拒绝项目中的图元，必须协调链接模型中关联的受监视图元的修改 4）接受差值：选择该操作表明接受对受监视的图元进行的修改，并可更新相应的关系，而无需修改相应的图元。例如，假定两条受监视的轴网线相距20mm，并将一条移到30mm远。选择了"接受差值"后，受监视的轴网线将不再移动，并且相应的关系更新为300mm 5）修改：当轴网线或墙中心线已更改或移动时，选择"修改"可将该更改应用于当前项目中的相应图元 6）重命名：受监视的图元的名称已更改，选择"重命名"可将该更改应用于当前项目中的相应图元 7）移动：受监视的图元已移动，选择"移动"可将该更改应用于当前项目中的相应图元 8）移动MEP设备：受监视的MEP设备已移动，选择该操作可将主体模型中的设备移动到该设备在链接模型中的位置。此操作仅适用常规设备，对基于主体的设备无效 9）忽略新图元：已将基于主体的新图元添加到受监视的墙或楼板。选择该操作可忽略主体中的新图元，将不监视对该图元进行的更改 10）复制新图元：已将基于主体的新图元添加到受监视的墙或楼板。选择该操作可将该新图元添加到主体中，并监视对该图元进行的更改 11）删除图元：已删除受监视的图元，选择该操作可删除当前项目中的相应图元 12）复制草图：当受监视洞口的草图或边界已更改时，选择该操作可更改当前项目中的相应洞口 13）更新范围：当受监视图元的范围已更改时，选择该操作可更改当前项目中的相应图元 （7）可以为每一个更改的图元添加注释，以帮助设计人员协调查阅。在"注释"列中，单击"添加注释"按钮，在"编辑注释"对话框中输入注释，单击"确认"按钮 （8）要查找已修改的图元，可在"消息"列中选择图元，然后单击对话框左下方的"显示"按钮，在绘图区域该图元将高亮显示 （9）要保存修改、操作和注释的记录，或者与其他相关设计人员进行沟通交流，可单击"创建报告"按钮，在"导出Revit协调报告"对话框中指定文件名称和保存位置，单击"保存"按钮，生成HTML格式报告

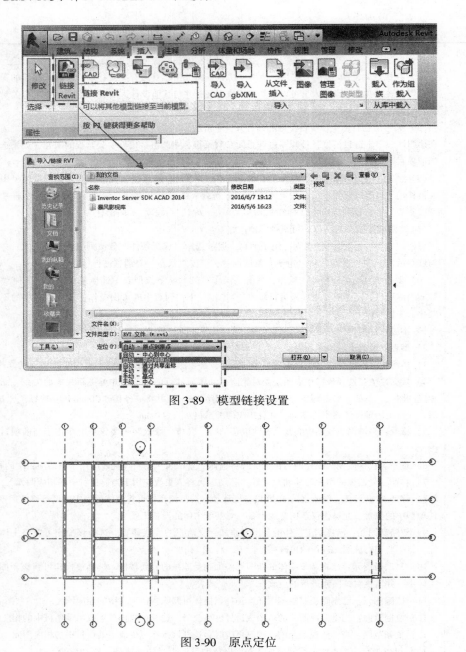

图 3-89　模型链接设置

图 3-90　原点定位

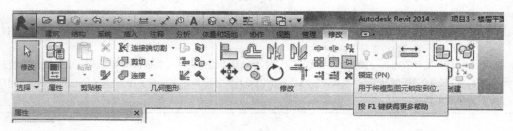

图 3-91　图元锁定

图 3-92　图元属性设置

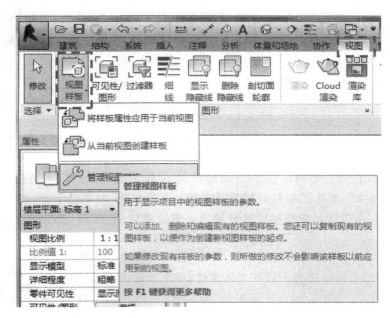

图 3-93　视图样板

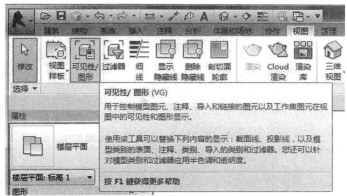

图 3-94　可见性/图形替换

图 3-95　节点修改

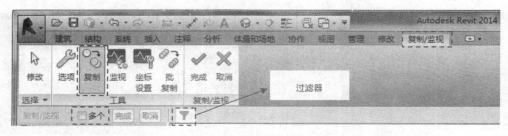

图 3-96　复制/监视创建

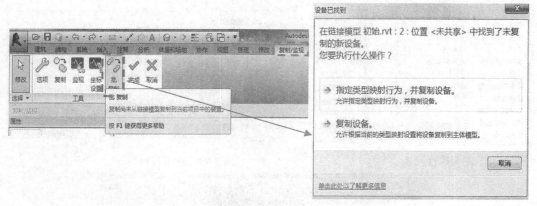

图 3-97　设备复制

四、BIM 工程算量模型合并与碰撞检测

BIM 工程算量模型合并与碰撞检测见表 3-2。

表 3-2　BIM 工程算量模型合并与碰撞检测

类　别	内　容
BIM 工程算量模型合并	（1）根据各专业模型的绝对坐标做一个合并或者附加。可以利用各模型的绝对坐标来进行对齐合并，合并过程中可能会出现一些问题 　现引进一个包括结构、水暖电等专业的案例来进行讲解 　将 .dwg 格式的结构模型文件导入到 Navisworks 中，再将建筑模型文件导入进来进行数据合并，此时，由于这个结构模型存在地下工程，各专业建模过程中没有协调好，致使它们的绝对坐标不是很一致（图3-98）。这种情况下，可以借助 Navis works 中的测量工具中"点与点变换选定对象"这一操作命令来调整两模型之间的坐标 　为了方便捕捉点，首先要选取结构模型，单击"隐藏未选定项目"按钮，将建筑模型先隐藏起来（图3-99） 　选用测量工具的"点到点"这一命令，首先选择点 O（图 3-100），确定其为基准点，接着把建筑模型显示出来，并在建筑模型上选中一个基准点，把已选定的结构模型中的基准点移到建筑模型中的基准点上 　具体操作：把结构模型做一个平移，放大界面，方便捕捉到第 2 点，继续用"点到点"的工具，可以看到它们测量到的距离有 10.6m（图 3-101），现在可以用"变换选定项目"的工具，这样可以将模型进行精确的平移（图 3-102）。至此，两专业的模型坐标已调整好，模型合并操作完成 　（2）除了利用对齐绝对坐标来进行模型合并以外，还可以通过项目工具里面的移动、旋转、缩放等工具来进行模型调整合并

（续）

类　别	内　容
BIM 工程算量模型合并	1）可以旋转、缩放选定的项目，比如刚才这个结构模型，也可以通过"移动"工具来做一些调整，可以很随意地上下、左右移动。除此之外，如果掌握了结构模型的具体信息，比如做过测量，那可以直接输入测量到的数值来进行平移（图 3-103）。这种方法非常有利于对模型进行整合 2）按同样的方法将设备的模型文件导入到 Navisworks 中，选择 .nwc 的文件模式 已导入的三个模型文件会显示在左侧栏的"选择树"类目里（图 3-104），可以隐藏部分不想看到的，即如果想看模型内部的话，可以隐藏其部分对象。比如隐藏建筑模型，这样可以看到内部的详细信息 3）导入总图模型文件。这个项目的所有模型全部导入进来后，我们可以配合右侧的浏览工具浏览模型，并对其稍微做一些调整。比如利用旋转工具调整模型角度等 4）模型合并完成之后，保存为 .nwf 的文件格式。这种格式文件的优点是：当对原文件进行修改时，不需要把模型再合并一次，只需要把 .nwf 文件做一次刷新，就可以通过 Navisworks 把 .nwf 文件中理论设计文件的部分内容刷新过来，不需要再调整
碰撞检测	在传统的二维图纸里进行碰撞检测时，需要多个图纸，并且需要多个工作人员坐在一起来检查这些碰撞错漏等问题，同时检查出来的结果也不便于记录存档 通过 Navisworks 这一软件，可以很直观地做一些碰撞检测，并且输出相关测试结果 （1）碰撞检测目标：①避免碰撞；②解决吊顶冲突；③明确管线位置标高；④辅助确定施工工艺 （2）碰撞检测报告分类：①重大问题，需业主协调各方共同解决；②由设计方解决的问题；③由施工方解决的问题；④因不定因素而遗留的问题；⑤由于需求等变化而带来的新问题 （3）碰撞检测报告内容：①建筑与结构专业中标高、墙柱等位置不一致现象；②结构与机电专业中设备管线与梁、柱冲突现象；③机电内部各专业之间各设备与管线冲突现象；④机电与室内专业之间管线末端与室内顶棚冲突现象 （4）Navisworks 碰撞检测的优点 1）自定义测试对象。在这个选择面板里有左右两部分，可以任意选择它们中的一个对象来进行检测 2）多种测试类型（图 3-105）。在 Navisworks 中，测试类型分很多种，可以根据自己的需要来选择其中一种进行检测，比如"硬碰撞""间隙碰撞""副本碰撞"等 3）批处理（图 3-106）。对于一个复杂模型而言，可以一次性建立多个测试条件。同时，可以保存自定义的这些测试条件，当模型进行更改的时候，不需要重新设置建立新的测试条件，可以继续使用原有的这些测试条件 4）多种规则（图 3-107）。在碰撞检测过程中，实际上有些碰撞是可以忽略的，也就是说有些碰撞是可以接受的。在 Navisworks 中也提供了这种规则。测试之前，选择这些规则把它忽略掉。此外，用户还可以根据自己的需要来定义自己的规则 5）多格式测试报告输出。Navisworks 支持多种格式的测试报告输出，有"作为视点"、XML、HTML、"正文"等格式。碰撞检测报告范例，如图 3-108 所示 （5）碰撞问题常见类型如下： 1）压力管道让无压（自流）管道，如空调水管避让排水管（图 3-109） 2）可弯管道让不可弯管道，如消防喷淋管避让电缆桥架（图 3-110） 3）小管径管道让大管径管道，如消防水管避让风管（图 3-111） 4）冷水管道让热水管道，如给水管避让空调热水管（图 3-112） 5）电气管线在上，水管线在下，如桥架上调，水管下调（图 3-113） 6）给水管线在上，排水管线在下，如给水管上调，排水管下调（图 3-114） 7）风管尽可能贴梁底安装（交叉时在中下），如风管上调（图 3-115） 8）室内明敷管道与墙、梁、柱的问题应满足施工、检修的要求，如风管与墙贴着从 5cm 移动到 15cm（图 3-116） 9）空调水管保温无法安装，如空调水管与消防水管从 5cm 移动到 15cm（图 3-117） 10）管线综合不合理，室内顶棚过低，如合理调整管线，室内顶棚往上移动（图 3-118） 11）管道与结构梁、柱等冲突，如合理调整管线避让结构（图 3-119）

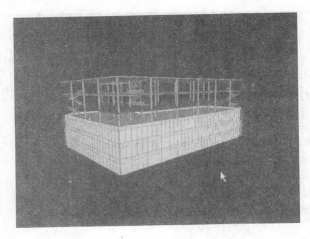

图 3-98　坐标未对齐

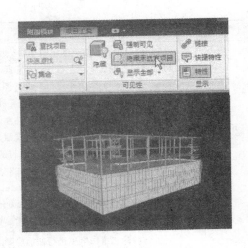

图 3-99　隐藏建筑模型

图 3-100　选定基准点

图 3-101　显示建筑模型

图 3-102　精确平移

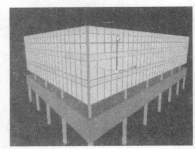
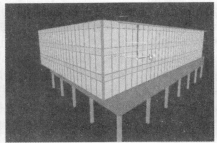
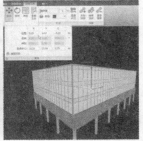

图 3-103　通过"移动"工具移动模型

图 3-104　"选择树"内的文件目录

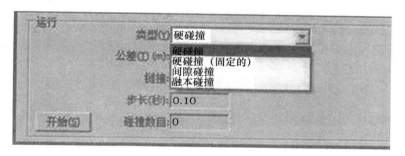

图 3-105　多种测试类型

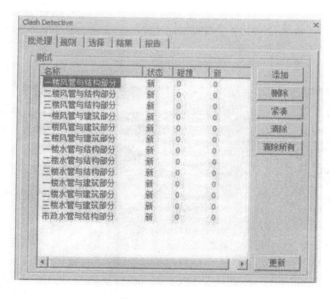

图 3-106　批处理

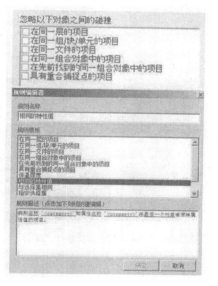

图 3-107　多种规则

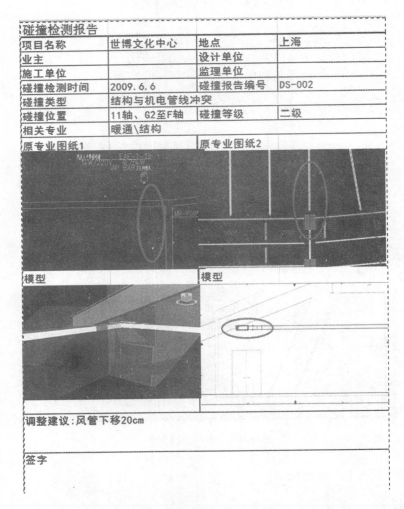

碰撞检测报告			
项目名称	世博文化中心	地点	上海
业主		设计单位	
施工单位		监理单位	
碰撞检测时间	2009.6.6	碰撞报告编号	DS-002
碰撞类型	结构与机电管线冲突		
碰撞位置	11轴、G2至F轴	碰撞等级	二级
相关专业	暖通\结构		
原专业图纸1		原专业图纸2	

调整建议：风管下移20cm

签字

图 3-108　碰撞检测报告样例图

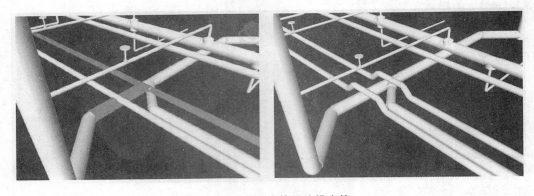

图 3-109　空调水管避让排水管

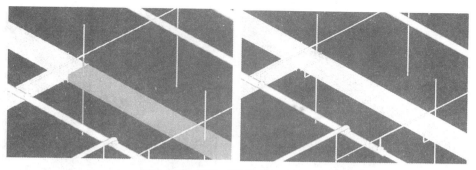

图 3-110 消防喷淋管避让电缆桥架

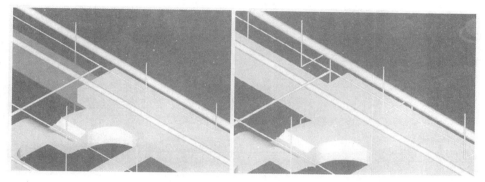

图 3-111 消防水管避让风管

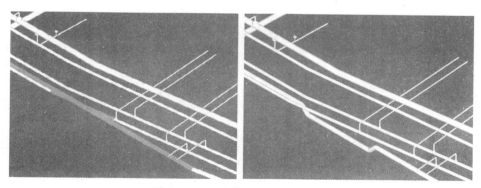

图 3-112 给水管避让空调热水管

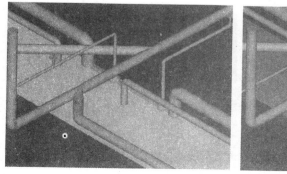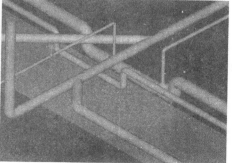

图 3-113 桥架上调，水管下调

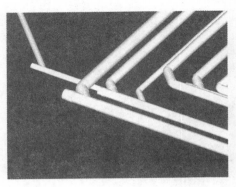
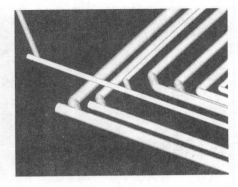

图 3-114　给水管上调，排水管下调

图 3-115　风管上调

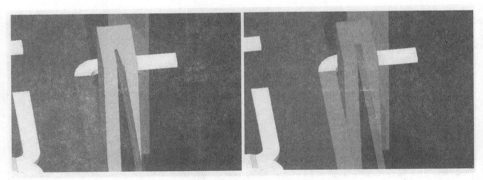

图 3-116　风管与墙贴着从 5cm 移动到 15cm

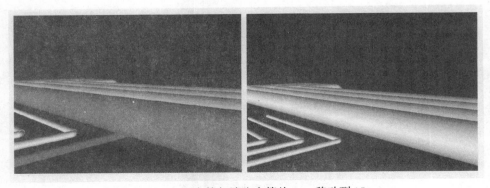

图 3-117　空调水管与消防水管从 5cm 移动到 15cm

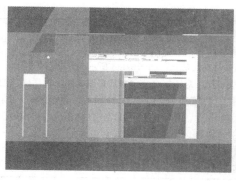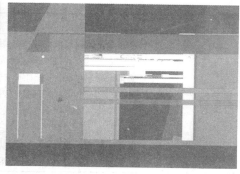

图 3-118　合理调整管线，室内顶棚往上移动

图 3-119　合理调整管线避让结构

五、BIM 工程算量模型整合明细表

BIM 工程算量模型整合明细表见表 3-3。

表 3-3　BIM 工程算量模型整合明细表

类　别	内　容
材质提取明细表	添加提供详细信息（例如项目构件会使用何种材质）的明细表 （1）单击"视图"选项卡→"创建"面板→"明细表"下拉列表→"材质提取" （2）在"新建材质提取"对话框中，单击材质提取明细表的类别，然后单击"确定"按钮 （3）在"材质提取属性"对话框中，为"可用字段"选择材质特性 （4）可以选择对明细表进行排序、成组或格式操作 （5）单击"确定"按钮以创建"材质提取明细表" 此时显示"材质提取明细表"，并且该视图将在项目浏览器的"明细表/数量"类别下列出
建筑构件明细表	将建筑图元构件列表添加到项目 （1）单击"视图"选项卡→"创建"面板→"明细表"下拉列表→"明细表/数量"，如图 3-120 所示 （2）在"新建明细表"对话框的"类别"列表中选择一个构件，"名称"文本框中会显示默认名称，可以根据需要修改该名称，如图 3-121 所示 （3）选择"选择构件明细表"，指定阶段，单击"确定"按钮 （4）在"明细表属性"对话框中，指定明细表属性 （5）单击"确定"按钮

（续）

类　　别	内　　容
明细表属性	（1）明细表字段。提取建筑构件相关信息，如图 3-122 所示 （2）明细表过滤器。过滤提取建筑构件相关信息，如图 3-123 所示 （3）明细表排序/成组。在"明细表属性"对话框（或"材质提取属性"对话框）的"排序/成组"选项卡上，可以指定明细表中行的排序选项，如图 3-124 所示。也可选择显示某个图元类型的每个实例，或将多个实例层叠在单行上。在明细表中可以按任何字段进行排序，但"合计"除外 （4）明细表外观。将页眉、页脚以及空行添加到排序后的行中，如图 3-125 所示 （5）明细表格式。条件格式的使用，如图 3-126 所示

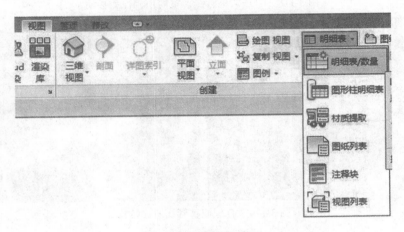

图 3-120　明细表/数量

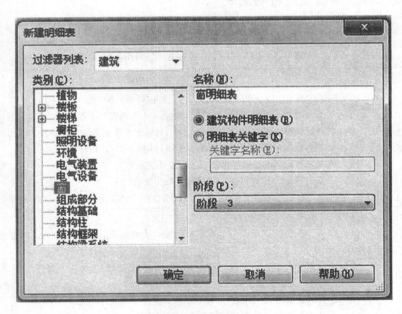

图 3-121　明细表名称

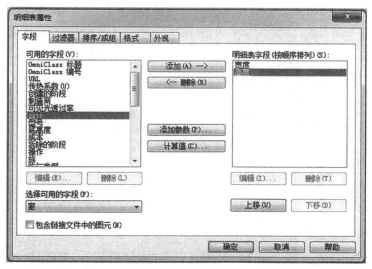

图 3-122　明细表字段

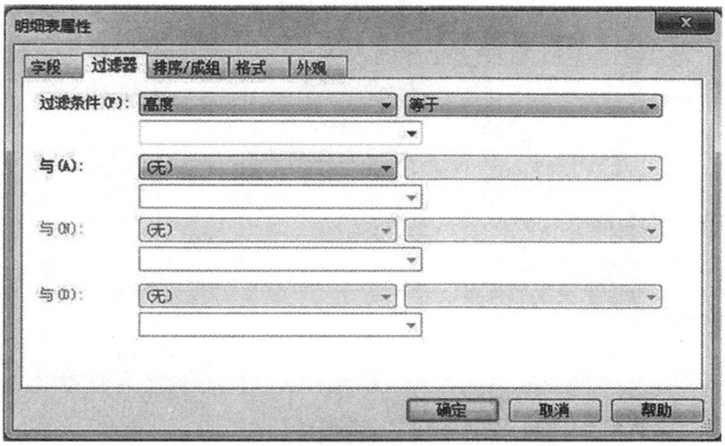

图 3-123　明细表过滤器

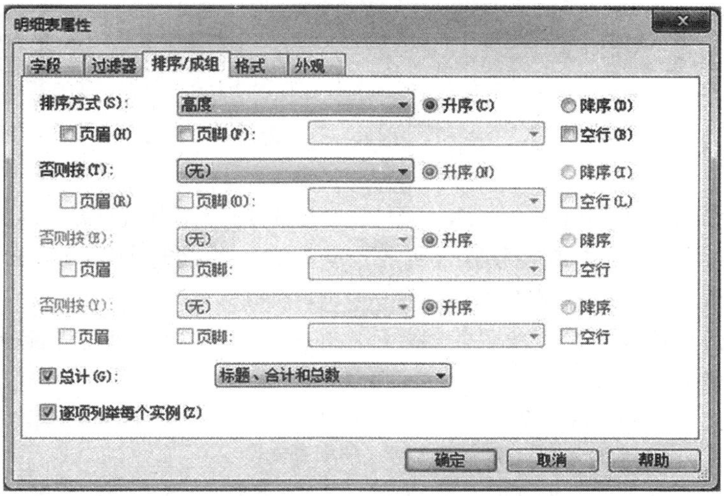

图 3-124　明细表排序/成组

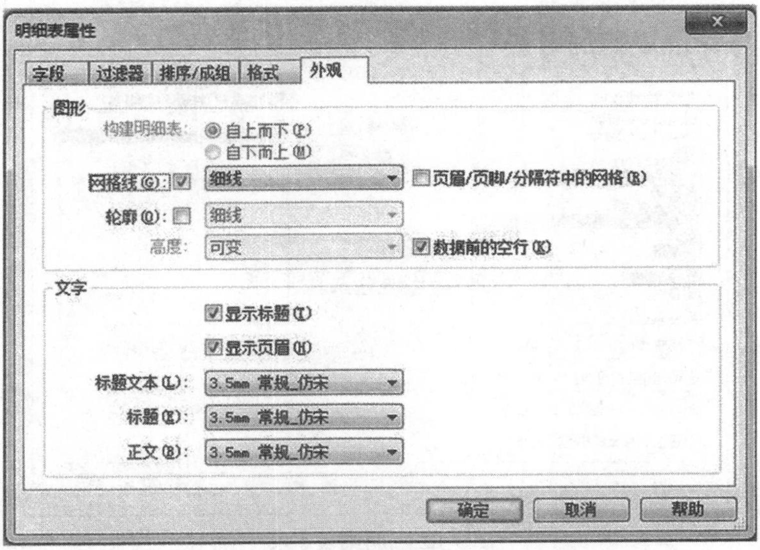

图 3-125　明细表外观

六、协同共享

在广域网（WAN）内，如在两个地区的办公地点的团队成员进行协作，可利用"Revit 服务器"工具将工作共享项目的中心模型存储在服务器上，以提高同步速度。

第一步：安装和配置 Revit 服务器。在打开软件安装程序后，在安装界面中单击"安装工具和使用程序"，选择安装"Revit Server"，需注意的是，Revit 服务器必须安装在 Windows Server

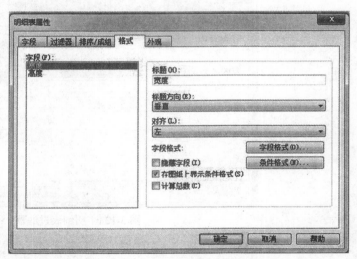

图 3-126　明细表格式

2008 或者更高版本系统上，具体安装和配置步骤请访问"Autodesk wikiHelp"中的"Revit Server 安装手册"。

系统管理员首先在广域网（WAN）中安装并配置一台中心服务器，然后在局域网（LAN）中安装并配置多台本地服务器。通常，位于统一站点的多名团队成员连接到一台本地服务器，而多台本地服务器又连接到一台中心服务器。

系统管理员必须首先指定本地服务器要连接的中心服务器，然后才能连接本地 Revit 服务器，一台本地服务器只能连接一台中心服务器。

第二步：连接到本地 Revit 服务器。局域网（LAN）用户必须连接到本地 Revit 服务器，才能开始协同工作。连接到本地 Revit 服务器的方法是：

单击功能区"协作"→"同步"旁的按钮→"连接到 Revit 服务器"，打开"连接到

Revit 服务器"对话框，在该对话框中输入服务器的名称或 IP 地址，单击"连接"按钮，建立有效的连接后，将会显示成功连接状态的图标，且服务器名称将会更新，单击"关闭"按钮，关闭对话框。

第三步：在 Revit 服务器上读取和保存模型。连接到 Revit 服务器后，用户就可以按照正常的操作流程在 Revit 服务器上存取模型，并通过它进行项目协同，唯一的区别是访问模型的路径。

单击"应用程序菜单"→"打开"→"项目"，在"打开"对话框中，单击"查找范围"下拉列表并选择（Revit 服务器），双击"Revit 服务器模型"文件夹，选择模型。

中心文件的选取应依据项目的规模而定，可以创建包含多个专业设计内容的中心文件，也可以创建包含某个或某几个特定专业设计内容的中心文件。使用工作共享通常有以下模式：

（1）项目规模小，建立一个中心文件，各专业建立自己的本地文件，本地文件的数量根据各专业设计人员的数量而定。

（2）项目规模大，各专业建立自己的本地文件，各专业间再使用链接模型进行协调，设计人员在本专业中心文件的本地文件上工作，如两个给水排水设计人员在一个给水排水中心文件上创建各自的给水排水本地文件。

第二个模式中，各专业模型是独立的，各专业中心文件同步的速度相对较快，如果需要做管线综合，可以将各个专业的中心文件互相链接。

第三节　算量模型协同共享文件创建

算量模型协同共享文件创建步骤如下：

一、创建及编辑协同共享文件

创建及编辑协同共享文件，见表 3-4。

表 3-4　创建及编辑协同共享文件

类　别	内　容
创建	（1）先链接其他专业的 Revit 模型，将建筑、结构中心文件链接到 MEP 项目样板文件中，完成基本的设置 （2）在该文件中，单机功能区中"协作"→"工作集"，或单机状态栏中"工作集"按钮，打开"工作共享"对话框，显示默认的用户创建的工作集（"共享标高和轴网"和"工作集 1"）。如果需要，可以重命名工作集 （3）单击"确定"按钮后，将显示"工作集"对话框 （4）在"工作集"对话框中，单击"确定"按钮。先不创建任何新工作集 （5）单击"应用程序菜单"按钮→"另存为"→"项目"，打开"另存为"对话框。在"另存为"对话框中，指定中心文件的文件名和目录位置，把该文件保存在各专业设计人员都能读写的服务器上 （6）单击"应用程序菜单"按钮，打开"文件保存选项"对话框，勾选"保存后将此作为中心模型"。注意，如果是启用工作共享后首次进行保存，则此选项在默认情况下是勾选的，并且无法进行修改

（续）

类　别	内　容
创建	（7）在"文件保存选项"对话框中，设置在本地打开中心文件是对应的文件集默认设置。在"打开默认工作集"列表中，选择下列内容之一： 1）全部打开中心文件中的所有工作集 2）可编辑打开所有可编辑的工作集 3）上次查看的根据上一个 Revit MEP 任务中的状态打开工作集。仅打开上次任务中打开的工作集。如果是首次打开该文件，则将打开所有工作集 4）指定打开指定的工作集 （8）单击"确定"按钮。在"另存为"对话框中，单击"保存"按钮。现在该文件就是项目的中心文件了 （9）Revit MEP 在指定的目录中创建文件，同时也为该文件创立一个备份文件夹
编辑共享中心	（1）启用工作共享并保存中心文件后，要再次编辑中心文件，可直接在中心文件所在文件夹中双击该文件，打开中心文件。如果使用"应用程序菜单"按钮→"另存为"→"项目"打开服务器上的中心文件，则应取消勾选"创建新本地文件"选项 （2）保存中心文件的方法和保存一般文件的方法不同。"保存"命令不可用。有两种方法保存中心文件：一是关闭当前文件，在弹出的"保存文件"对话框中选择"是"以保存中心文件；二是使用"另存为"，在"文件保存选项"中，选择"保存后将此作为中心模型"选项 （3）设置工作集。工作集是指图元的集合（例如灯、风口、地漏、设备等）。在给定时间内，当一个用户成为某工作集的所有者时，其他工作组成员仅可查看该工作集和向工作集中添加新图元，如果要修改该工作集中的图元，需向该工作集所有者借用图元。这一限制避免了项目中可能产生的设计冲突。在启用工作共享时，可将一个项目分成多个工作集，不同的工作组成员负责各自所有的工作集 　启用项目工作共享后，将创建几个默认的工作集，可通过勾选"工作集"对话框下方的"显示"选项控制工作集在名称列表中的显示。有四个"显示"选项： 1）用户创建：启动工作共享时，默认创建两个"用户创建"的工作集。一是"共享标高和轴网"，它包含所有现有标高、轴网和参照平面，可以重命名该工作集。二是"工作集 1"，它包含项目中所有的现有模型图元。创建工作集时，可将"工作集 1"中的重新指定给相应的工作集。可以对该工作集进行重命名，但不可将其删除 2）项目标准：包含为项目定义的所有项目范围内的设置（例如管道类型和风管尺寸等）。不能重命名或删除该工作集 3）族项目中载入的每个族都被指定给各个工作集：不可重命名或删除该工作集 4）视图包含所有项目视图工作集：视图工作集包含视图属性和任何视图专有的图元，例如注释、尺寸标注或文字注释 　如果向某个视图添加视图专有图元，这些图元将自动添加到相应的视图工作集中。不能使某个视图工作集成为活动工作集，但是可以修改它的可编辑状态，这样就可修改视图专有图元（例如，平面视图中的剖面） （4）创建工作集。除了以上默认的工作集，在项目开始时和项目设计过程中都可以新建一些工作集。对工作集的设置要考虑项目大小，通常一起编辑的图元应处于一个工作集中 　工作集还应根据工作组成员的任务来区分，如暖通专业的风口跟电气专业的灯在天花布置上会有协调工作，那么用户可以新建"通风口"和"电气灯"两个工作集，同时设置这两个工作集的所有权和可见性 　单击功能区中"协作"→"工作集"，或单击状态栏中"工作集"按钮，打开"工作集"对话框。单击右侧"新建"按钮输入工作集的名称，单击"确定"按钮。然后对该工作集进行设置，对话框中部分选项的意义如下： 1）活动工作集：表示要向其中添加新图元的工作集。用户在当前活动工作集中添加的图元即成为该工作集所图元

（续）

类　别	内　容
编辑共享中心	2）灰色显示非活动工作集图形：将绘图区域中部署活动工作集的所有图元以灰色显示。这对打印没有任何影响 　　3）名称：是指示工作集的名称。可以重命名所有用户创建的工作集 　　4）可编辑：当可编辑状态为"是"的时候，用户占有这个工作集，具有对它做任意修改的权限；当可编辑状态为"否"的时候，"所有者"这栏空白显示，表明工作集未被任何用户占用 　　5）借用者：显示从当前工作集借用图元的用户名 　　6）已打开：指示工作集是处于打开状态还是处于关闭状态。打开的工作集的图元在项目中可见，关闭的工作集中的图元不可见 　　7）在所有视图中可见：指示工作集是否显示在模型的所有视图中。勾选该选项，则打开的工作集在所有视图中可见，取消勾选则不可见。该操作将同步到中心文件 　　完成创建工作集后，单击"确定"按钮关闭"工作集"对话框

二、创建本地文件

创建本地文件操作见表 3-5。

表 3-5　创建本地文件

类　别	内　容
创建本地文件	创建中心文件后，设备各专业的设计人员可在服务器上打开中心文件并另存到自己本地硬盘上，然后在创建的本地文件上工作。有以下两种方法创建本地文件： 　　（1）从"打开"对话框中创建本地文件。单击"应用数据菜单"按钮→"打开"→"项目"，定位到服务器上的中心文件，勾选"创建新本地文件"，单击"打开"按钮。注意单击"打开"按钮前可通过单击旁边的下拉按钮，选择需要打开的工作集 　　（2）软件会自动把本地文件保存到"C：\ Users \ 用户名 \ Documents"里。用户也可以单击"应用程序菜单"→"选项"，在"文件位置"选项卡中修改"用户文件默认路径"，自定义文件的保存位置 　　另可以，使用"打开中心文件"创建本地文件。打开服务器上的中心文件后，单击"应用程序菜单"→"另存为"，在"另存为"对话框中定位到本地网络或硬盘驱动器上所需的位置。输入文件的名称，然后单击"保存"按钮
编辑本地文件	在本地文件中，可以编辑单个图元，也可以编辑工作集。要编辑某个图元或工作集，需确保它们与中心文件同步更新到最新。如果试图编辑不是最新的图元或工作集，则将提示重新载入最新工作集 　　（1）打开工作集：打开本地文件时，可以选择要打开的工作集 　　1）首次打开本地文件时，从"打开"对话框中打开工作集。单击"应用程序菜单"→"打开"→"项目"，定位到本地文件，单击"打开"旁边的下拉按钮，选择需要打开的工作集，再单击"打开"按钮 　　2）打开本地文件后，单击功能区中"协作"→"工作集"，或单击状态栏中"工作集"按钮，打开"工作集"对话框，选择工作集，在"已打开"下单击"是"按钮，或者单击右侧的"打开"按钮。单击"确定"按钮关闭对话框 　　3）关闭的工作集在项目中不可见，这样可以提高性能和操作速度 　　（2）使工作集可编辑 　　1）在"工作集"对话框中，选择工作集，在"可编辑"下单击"是"按钮，或单击右侧的"可编辑"按钮，单击"确定"按钮关闭对话框

类　别	内　容
编辑本地文件	2）单击绘图区域中的某图元，单击鼠标右键，单击快捷菜单中"使工作集可编辑"按钮，使该图元所在工作集可编辑 3）在项目浏览器中，单击某个视图，单击鼠标右键，单击快捷菜单中"使工作集可编辑"按钮，使该视图工作集可编辑。该方法同样适用于项目浏览器中的族和图纸 （3）工作集显示设置 1）在某一视图中，单击功能区中"视图"→"可见性/图形"，或直接键入"VG"或"VV"，打开该视图的"可见性/图形替换"对话框 2）单击"工作集"选项卡，在"可见性设置"列表中设置工作集的可见性。"使用全局设置"即应用在"工作集"对话框中定义的工作集的"在所有视图中可见"设置。选择"显示"或"隐藏"可以显示或隐藏工作集，而与"在所有视图中可见"的全局设置无关 3）对视图样板进行工作集可见性设置的操作方法是：单击功能区中"视图"→"视图样板"→"管理视图样板"，打开"视图样板"对话框，在"V/G 替换工作集"中单击"编辑"按钮，查看和修改工作集的可见性选项 4）以灰色显示非活动工作集：如果要以灰色显示不在活动工作集中的所有图元，单击"工作集"对话框中的"以灰色显示非活动工作集"选项。该选项不会影响打印，但可以防止将图元添加到不需要的工作集 5）过滤不可编辑图元：在绘图区域中选择图元时，可以过滤任何不可编辑的图元。在状态栏上勾选"仅可编辑项"。这样在绘图区域只有可编辑的项可以被选中。注意默认情况下并没有勾选此选项 （4）链接模型的工作集显示设置。项目中链接模型的工作集的可见性也可通过以下方法控制：在打开的"可见性/图形替换"对话框中，选择"Revit 链接"选项卡，单击"显示设置"下的"按主体视图"按钮，打开"RVT 链接显示设置"对话框 先在"基本"选项卡中选择"自定义"，然后单击"工作集"选项卡，选择下列值之一作为"工作集"设置： 1）按主体视图：如果链接模型中的某个工作集与主体模型中的工作集同名，则根据对应主体集的设置来显示该链接工作集。如果主体模型中没有对应的工作集，则链接工作集会显示在主体视图中 2）按链接视图：在链接视图中可见的工作集（在"基本"选项卡上指定）也将显示在主体模型的视图中 3）自定义：在该列表中，选择链接模型的工作集，以使其在主体模型的视图中可见 （5）载入最新工作集 1）为了及时将其他工作组成员的修改更改到本地，在本地文件中，可以通过单击功能区中"协作"→"重新载入最新工作集"，载入最新工作集，此操作不会将本地修改发布至中心文件（图 3-127） 2）向工作集中添加图元：选择一个活动工作集后，向绘图区域添加图元，添加的图元即可成为该工作集的图元。注意也可以选择一个不可编辑的工作集添加图元 3）单击绘图区域中的图元，在"属性"对话框中可以查看其所属工作集的名称和编辑者（图 3-128），如果要将图元重新指定给其他工作集，单击"属性"对话框中的"工作集"参数，在其值列表中选择一个新工作集，然后单击"应用"按钮 （6）借用图元，放置请求 对图元进行修改时，如果该图元所属的工作集不属于其他用户，则用户本人将自动成为该图元的借用者，并可进行修改。如果该图元所属工作集属于其他用户，则需要借用图元。借用图元的过程如下： 1）在绘图区域单击一个"墙体"，在该图元"属性"对话框中显示其"工作集"为"墙体"（图 3-129），编辑者为"Administrator"（系统默认，未设置） 2）单击图元附近的"使图元可编辑"符号，或在该图元上单击鼠标右键，然后单击"使图元可编辑"按钮。如果设置了编辑者，将显示需要编辑者放弃该图元后才能编辑它

（续）

类　　别	内　　容
编辑本 地文件	3）在"错误"对话框中，单击"放置请求"按钮，请求该图元所有者批准。此时，将显示"编辑请求已放置"对话框 4）可以使"编辑请求已放置"对话框保持打开状态，这样就可以检查是否已批准请求；也可以单击"关闭"按钮关闭该对话框，继续工作。关闭"编辑请求已放置"对话框不会取消请求 5）当请求被批准或拒绝时，将收到一条通知消息。通知消息大约会显示 30s 　如果所有者批准了该请求，在 Revit 界面右下角将出现一条"已授权编辑请求"消息，该消息显示项目名称、请求的图元信息、对该请求进行操作的团队成员名等，同时在"编辑请求已放置"对话框中提示"您的请求已获得批准"，关闭该对话框，用户就可以修改该图元 　如果所有者拒绝了该请求，则出现一条"已拒绝编辑请求"消息，同时在"编辑请求已放置"对话框中提示"您的请求已被下面列出的某个用户拒绝"，用户不能修改该图元 6）关闭"编辑请求已放置"对话框后，要检查请求的状态，可以单击"协作"→"正在编辑请求"，打开"编辑请求"对话框，展开并查看"我的未决请求"，单击"拒绝/撤销"按钮可以收回自己提出的图元借用请求 　也可以通过状态栏上"编辑请求"按钮，显示未决请求的数量，单击该按钮，同样可以打开"编辑请求"对话框 （7）批准请求 1）借用者放置请求后，编辑请求自动通知会出现所有者的界面上，在收到通知后，单击功能区中"协作"→"正在编辑请求"，或在状态栏上新单击"编辑请求"按钮，打开"编辑请求"对话框，展开并查看"他人的未决请求"，进行授权或拒绝操作等 2）此时，所有者可以选中某一条"时间请求者"，单击对话框下方的"显示"按钮，在绘图区域高亮显示该图元，然后单击"授权"或"拒绝/撤销"按钮回应请求 3）所有者批准后，借用者就可以编辑图元，打开"工作集"对话框，可以查看借用者的用户名 （8）工作共享显示模式。使用工作共享显示模式可以直观地区分工作共享项目图元。需注意的是，此按钮只在启用工作共享后出现 1）单击"工作共享显示设置"，打开"工作共享显示设置"对话框，对颜色进行设置（图 3-130） 2）在启用工作共享显示模式时，显示样式具有以下特性：线框保留为线框；隐藏线保留为隐藏线；所有其他显示样式切换为隐藏线；阴影关闭；当关闭工作共享显示模式时，原始显示样式设置将自动重设；在工作共享显示模式中，可以更改显示样式或重新启用阴影，如果执行此操作，工作共享显示颜色可能无法以预期的方式显示 3）在编辑模式下，图元（如绘制线）可能会根据在工作中共享显示模式下启用的颜色显示。可以根据需要启用或禁用工作共享显示模式，以避免与编辑模式混淆 4）要取消工作共享显示模式，则单击"关闭工作共享显示"按钮。工作共享显示模式可与"临时隐藏/隔离"一起使用。如果处于两种模式下，工作共享显示模式控制图元的颜色，"临时隐藏/隔离"控制图元的可见性。可以在启用或禁用工作共享显示模式的情况下打印图纸。当打印图纸并且工作共享显示模式处于启用状态时，"以工作共享显示模式打印"对话框会列出在其中启用这些模式的视图，指定是否打印显示模式的颜色 5）工作共享信息提示：一旦使用了工作共享显示模式，将鼠标指针放置在图元上就会显示一个信息提示框，显示该图元的工作集、当前所有者、创建者等信息 6）控制工作共享显示更新的频率：可以控制工作共享显示模式和编辑请求在模型视图中更新的频率，单击"应用程序菜单"→"选项"，在"常规"选项卡中，指定"工作共享更新频率"时间间隔 7）当设置为手动时，显示模式信息仅在借用图元时更新。注意，设置为手动可避免潜在的性能问题。当设置为手动时，工作共享显示不会产生网络流量

图 3-127　载入工作集

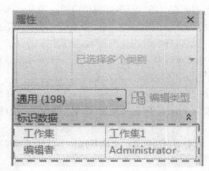

图 3-128　属性编辑（一）

图 3-129　属性编辑（二）

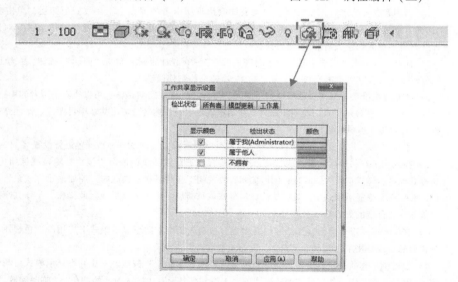

图 3-130　颜色设置

三、协同共享文件保存

协同共享文件保存见表 3-6。

表 3-6　协同共享文件保存

类　别	内　容
与中心文件同步	（1）"与中心文件同步"功能可以将本地文件所做的修改将保存到中心文件中。同时，自上次与中心文件同步或重新载入最新工作集中以来，由其他工作组成员对中心文件所做的修改也将被复制到用户的本地文件

（续）

类　别	内　容
与中心文件同步	（2）单击"与中心文件同步"后，将显示"与中心文件同步"对话框，该对话框中的各选项意义如下： 1）中心模型位置：确认中心模型位置，如有需要，可以重新指定路径 2）压缩中心模型：勾选该选项，可减少文件大小，但会增加保存所需的时间 3）同步后放弃下列工作集和图元：选中相应的复选框，表示所做的修改与中心文件同步，但要保持工作集和图元所有权。默认情况下将放弃任何借用的图元 输入的注释内容会作为历史记录保存下来，不仅有助于跟踪工作进度，而且当用户发现有问题时，可以在服务器上根据历史记录找到备份文件 以上选项设置完毕后，单击"确定"按钮 （3）注意在编辑本地文件过程中，也应经常主动与中心文件同步。其操作方法是：单击功能区中"协作"→"与中心文件同步"或单击快速访问工具栏上的 ⚙ 按钮，该命令下有两个选项"同步并修改设置"和"立即同步"，如果单击"同步并修改设置"按钮，将打开"与中心文件同步"对话框。如果单击"立即同步"按钮，不会显示该对话框，直接进行同步，并默认放弃借用的图元
本地保存	"本地保存"可将所做的修改保存到本地文件中，而不使修改与中心文件同步 单击"本地保存"按钮，将显示"将修改保存到本地文件中"对话框，有两个操作选项： （1）放弃没有修改过的图元和工作集：保存本地文件，并放弃未修改的可编辑的图元和工作集，使其他用户获得对这些图元和工作集的访问权限，当前用户仍然是可编辑工作集中任何已修改的图元的借用者 （2）保留对所有图元和工作集的所有权：保存本地文件，但保留对借用的图元和拥有的工作集的所有权
不保存项目	（1）"不保存项目"可以放弃对本地文件所做的任何修改，将本地文件回复到上次保存时的状态 1）单击"不保存项目"按钮，将显示"关闭项目，但不保存"对话框，有两个操作选项： 放弃所有图元和工作集：放弃对借用的图元和拥有的工作集执行的所有修改，让其他用户获得对已修改和没有修改过的图元和工作集的访问权限 2）保留对所有图元和工作集的所有权：丢失已执行的修改，但保留对借用的图元和拥有的工作集的所有权 （2）放弃全部请求。要放弃对借用图元和所拥有的工作集的所有权，而不与中心文件同步，可单击功能区中"协作"→"放弃全部请求"（图 3-131） Revit MEP 将检查任何需要与中心文件同步的修改，如果不存在对图元所做的修改，则将放弃对借用的图元和拥有的工作集的所有权，如果有需要保存的修改，则所有权状态不会改变。此时将显示一个对话框，通知已进行修改并建议与中心文件同步 （3）从中心分离文件。对于要查看修改或进行修改而不保存的用户来说，应使用"从中心分离文件"独立打开某个文件，用户可以查看此文件并对其进行修改，而不用担心借用图元或拥有图元工作集，拆离后也不能同步其他用户对中心模型所作的编辑，这对于不在项目文件中工作，但可能要打开项目文件进行查阅又不妨碍团队工作的项目经理来说，也是非常有用的 单击"应用程序菜单"按钮→"打开"→"项目"，定位到服务器上的中心文件，勾选"从中心分离"（图 3-132），单击"打开"按钮后，将显示一个"从中心文件分离模型"对话框。对话框有两个选项： 1）分离并保留工作集：选择此选项，将保留工作集和所有相关图元的分配和可见性设置，可以在以后将分离的模型另存为新中心文件 2）分离并放弃工作集：选择此选项，将放弃工作集和所有相关图元的分配和可见性设置，并且不能恢复 打开文件之后，该文件将不再有任何路径或权限信息，可以修改此文件中的所有图元，但无法将修改保存回中心文件。如果保存此文件，则会将此文件另存为一个新的中心文件

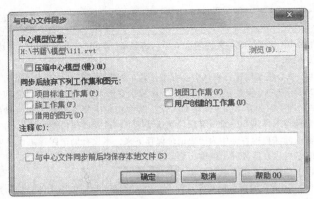

图 3-131　放弃全部请求

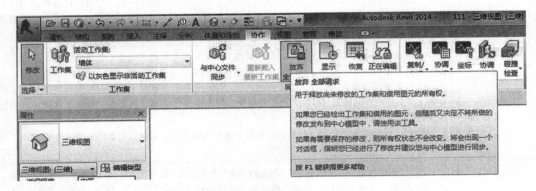

图 3-132　从中心文件分离模型

四、维护和返回工作共享文件

1. 维护中心文件

如果怀疑中心文件受损或在新版本中升级中心文件时，可以单击"应用程序菜单"按钮→"打开"→"项目"，在"打开"对话框中勾选"核查"以扫描、检查并修复项目中损坏的图元，此操作可能比较耗时，但是会预防潜在的风险，保存中心文件后，建议工作组成员以此新的中心文件创建本地文件。Revit MEP 仍在其原始位置查找中心文件，将中心文件标识为启用了工作共享，并标识为驻留在中心文件位置（项目中所标识的位置）。

2. 移动中心文件

如果要移动或重命名中心文件，应先指示所有工作组成员与中心文件同步，放弃所有借用的图元和所拥有的工作集的所有权，并关闭各自的中心文件的本地副本（本地文件）。然后使用 Windows 资源管理器将中心文件及其备份文件夹移动或复制到新位置。注意：此时仅仅是创建了中心文件的备份副本，Revit MEP 仍在其原始位置查找中心文件，要查看（或修改）该位置，可单击功能区"协作"→"与中心文件同步"→"同步并修改设置"。要使移动或复制后的文件成为新的中心文件，还需要执行以下操作：

（1）从新位置打开中心文件，将显示一个对话框，通知中心文件已经移动，必须将其重新保存为中心文件，单击"确定"按钮以继续。

（2）单击"应用程序菜单"→"另存为"，在"另存为"对话框中单击"选项"按钮，在"文件保存选项"对话框中，选择"保存后将此作为中心文件"，然后单击"确定"按钮，在"另存为"对话框中，单击"保存"按钮。

每个团队成员都创建一个新的本地文件。如果中心文件的旧版本仍保留在旧位置上，可以通过删除它或使其只读，来防止其他小组成员保存到此旧中心文件。

保存工作共享文件时，Revit MEP 将创建备份文件的目录，在该目录中，每次用户保存到中心，或保存中心文件的本地副本（本地文件）时，都创建备份文件。

通过备份文件可以返回中心文件和本地文件。另外，还将丢失有关工作集所有权，借用的图元和工作集可编辑性的所有信息。工作组成员必须重新指定工作集图元所有权。

查看历史记录：单击功能区"协作"→"显示历史记录"，定位到工作共享 RVT 文件（中心文件或本地文件），单击"打开"按钮，打开"历史记录"对话框，查看保存时间、修改和注释，并可以单击"导出"按钮将历史记录导出。

单击功能区"协作"→"恢复备份"。如果要返回某一版本的备份文件，单击"返回到"按钮，注意一旦返回备份文件后无法撤销，所有晚于所选备份版本的备份文件（包括当前版本）将会消失。

如果要将某个版本的备份文件另存为新文件，单击"另存为"按钮指定保存路径，此文件将被视为中心文件的本地版本。如果希望此文件变为新的中心文件，必须将其保存为中心文件。

第四节　创建补充构件

一、构件大类与小类

构件属性定义与绘图建模都基于构件大类与小类的划分之上。

（1）墙。剪力墙、人防墙、砖墙、连梁、暗梁、过梁、人防门楣梁、人防门槛梁、洞、门洞、窗洞、飘窗。

（2）柱。框架柱、暗柱、构造柱、自适应暗柱、人防柱、柱帽、门垛。

（3）梁。框架梁、次梁、圈梁、吊筋。

（4）板。现浇板、板洞。

（5）板筋。底筋、负筋、双层双向钢筋、支座负筋、跨板负筋、撑脚、跨中板带、温度筋、柱上板带。

（6）基础。独基基础、基础主梁、基础次梁、基础连梁、筏板基础、集水井、筏板洞、条形基础、基础跨中板带、柱下板带。

（7）筏板。筏板底筋、筏板中层筋、筏板面筋、筏板支座筋、筏板撑脚。

二、补充构件属性定义

补充构件属性定义见表3-7。

表 3-7 补充构件属性定义

类 别	内 容
界面定义	（1）单击菜单"属性"→"进入属性定义"命令，进入构件属性定义界面，如图 3-133 所示 （2）选择楼层：选择构件所在的楼层 （3）选择构件小类：对应所在大类的小类 （4）选择构件大类：切换大类 （5）构件列表：所有构件属性在此列出 （6）构件查找：输入构件名称，即时查找 （7）普通属性设置（可私有）：包括标高、抗震等级、混凝土等级、保护层、接头形式、定尺长度、取整规则、其他（普通属性设置均可进行多次修改设置）。这些属性与工程总体设置的图元属性相关，可以设置为私有 （8）配筋、截面对话框的设置（公）：配筋和截面对话框无总体设置，在此给出初始默认值，并且属于一个构件属性的图元的配筋、截面对话框信息必定相同 （9）锚固搭接、计算设置、箍筋设置（可私有）：这三项为弹出对话框的属性项，也有对应的总体属性设置与图元属性，可以设置为私有 这些项目在工程总体设置中有对应的默认设置，在"构件属性定义"中也可以将这些默认设置修改，修改项变红表示这一项不再随总体设置的修改而批量修改；其他未变红的项仍然对应总体设置，随总体设置的修改批量修改 恢复私有属性为公有属性的方式：选择"项"，再单击"按工程设置"按钮，填写"项"，选中对应的项按〈Delete〉键，再单击"确定"按钮。如图 3-134 所示设置构件的公有属性 （10）构件属性列表输入法。单击"表格法"按钮，可以对构件属性进行列表式的输入，如图 3-135 所示 1）构件属性表操作方法：列表可以通过按〈Tab〉键换行，同时也可以用上下左右箭头换行；在构件属性表中可以显示全部楼层的构件属性，单击"楼层选择"按钮，打开楼层选择界面 2）单击"输入工具"按钮，打开输入工具界面，如图 3-136 所示。常用的配筋截面对话框尺寸信息，可以在表格输入信息的时候直接调用已经保存在输入工具里面的参数 3）单击"查找"按钮，打开查找界面，如图 3-137 所示。在里面输入查找的信息，可以显示出查找的结果。选择"替换"，如图 3-138 所示。可以将查找的信息进行替换，并在属性中应用 4）"选项"中可以选择构件中各个参数是否显示 5）单击"构件属性图形法"按钮可以返回原图形法界面 6）单击"增加框架梁"→"增框架梁层"增加构件时，软件自动在参数栏中新增加一个相对应的构件，构件属性为原图形法属性定义中的默认属性，点击增加构件层的时候，可以在楼层都显示的状态下看到当前构件在不同层的构件属性 7）"复制"可以复制构件属性以及不同构件不同楼层，"删除"相对"复制"而言 8）"计算设置"：选择表格中的构件，单击"计算设置"按钮可以到此构件的计算设置界面 9）"箍筋设置"：选择表格中的构件，单击"箍筋设置"按钮可以到此构件的箍筋设置界面
属性复制	单击"属性复制"按钮进入构件属性复制界面，如图 3-139 所示。至此可完成楼层的构件复制

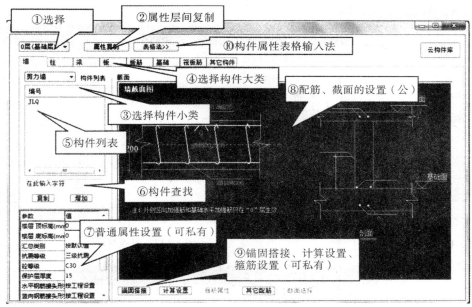

图 3-133 构件属性界面

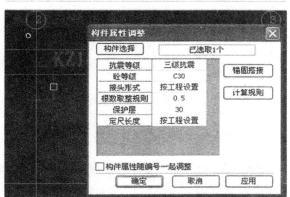

图 3-134 公有属性设置

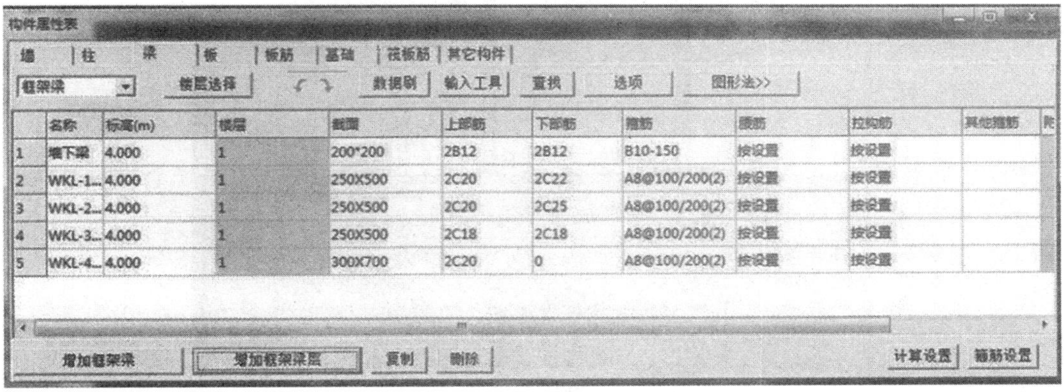

	名称	标高(m)	楼层	截面	上部筋	下部筋	箍筋	顶筋	拉构筋	其他箍筋	附
1	墙下梁	4.000	1	200*200	2B12	2B12	B10-150	按设置	按设置		
2	WKL-1...	4.000	1	250X500	2C20	2C22	A8@100/200(2)	按设置	按设置		
3	WKL-2...	4.000	1	250X500	2C20	2C25	A8@100/200(2)	按设置	按设置		
4	WKL-3...	4.000	1	250X500	2C18	2C18	A8@100/200(2)	按设置	按设置		
5	WKL-4...	4.000	1	300X700	2C20	0	A8@100/200(2)	按设置	按设置		

图 3-135 构件属性输入

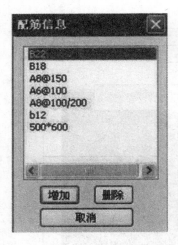

图 3-136　输入工具图

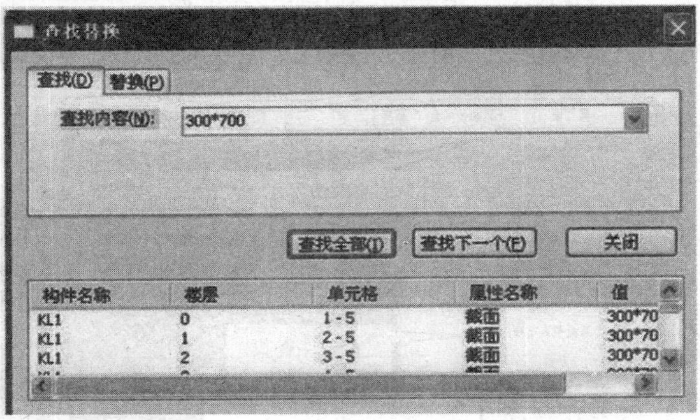

图 3-137　查找视图

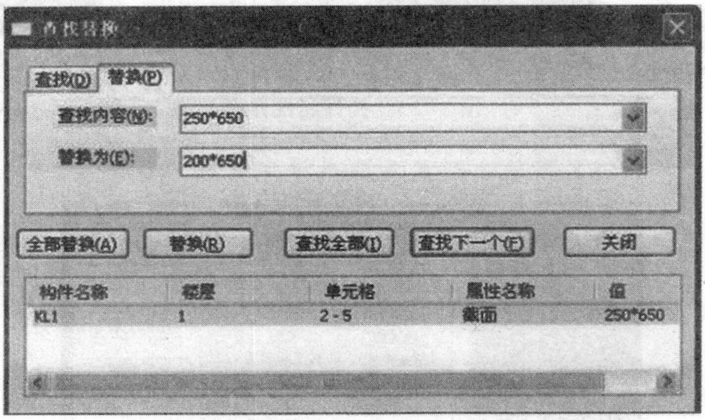

图 3-138　替换视图

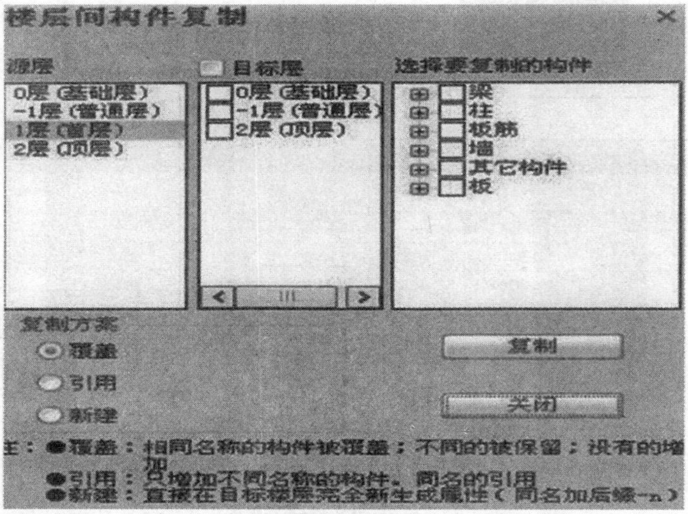

图 3-139　构件属性复制界面

三、自定义断面

（1）利用 CAD 画线命令"L"或者单击 CAD 工具条中的画线命令绘制断面造型，如图 3-140 所示。

（2）利用"属性"下拉菜单中的"自定义断面"，选择"创建"进入到自定义断面创建界面。

右键单击要增加的构件类别，选择"增加自定义图形"。

多出新的"断面 1$^{\#}$"，选择这个断面，再选择下面的"提取图形"命令去选择图形。

（3）选择刚才绘制好的断面，根据命令行提示选择插入点，注意插入点影响图纸布置的定位及标高的取定点。

（4）单击"编辑"按钮。给该断面设置边属性。如果是自定义线性构件，则要给每条边编辑对应的做法。

（5）选择"边属性编辑"，给这个断面的每条边定义做法项。

（6）绘制断面后的效果如图 3-141 所示。

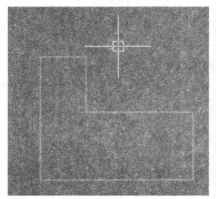

图 3-140　"L"型图　　　　　　　　　　　图 3-141　效果三维图

（7）图 3-142 为构件属性定义中的柱的自定义断面，可以更改柱子的尺寸数据，但是更改柱子的边长后中心的黄色重心标注十字不会变动。

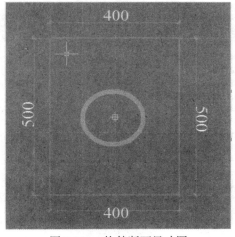

图 3-142　构件断面尺寸图

（8）手动布置时，在布置的时候按〈Tab〉键来切换插入点。修改后如图 3-143 所示。

图 3-143　构件断面尺寸修改图

四、计算设置

（1）除截面对话框与配筋信息之外的其他属性项目被修改过后，项目变红显示，表示这一项不再随总体设置的修改而批量修改。

（2）其他未变化的项目仍然对应总体设置，随总体设置的修改而批量修改。

（3）图中墙高、混凝土等级都变红显示，表示与总体设置中"该层→该构件"不同的项目，且这两项不再与总体设置的修改联动。

（4）"计算设置"中的项如图 3-144 所示。

（5）图 3-144 中变红的项目是与总体设置中"该层→该构件"不同的项目，且这些项也不再与总体设置的修改联动。

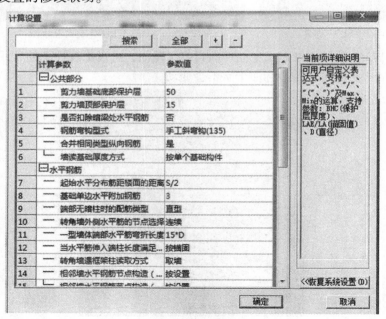

图 3-144　计算设置

五、补设垫层

（1）按照工程图纸总说明，参照图集，设置垫层布置规则与截面尺寸，选择需要布置的楼层，单击"自动布置"按钮，即可完成垫层的布置，如图 3-145 所示；也可以新建或删除规则。

（2）垫层的材质、厚度、外伸长度，都可以在软件里修改，也可手动选择布置构件。

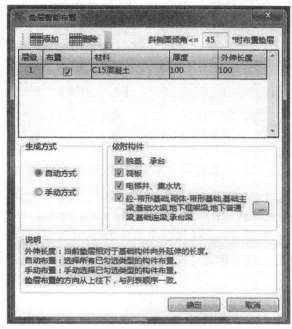

图 3-145　垫层智能布置

（3）核对构件，查看构件工程量计算公式。垫层效果图如图 3-146 所示。

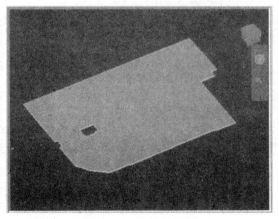

图 3-146　垫层效果图

六、补设圈梁

（1）按照工程图纸总说明，参照图集，设置圈梁布置规则与截面尺寸，选择需要布置的楼层，单击"自动布置"按钮，即可完成圈梁的布置；也可以新建或删除规则。也可手动选择墙体布置构件。圈梁智能布置如图 3-147 所示。

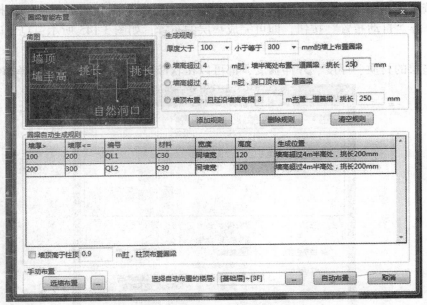

图 3-147　圈梁智能布置

（2）构件核对，查看构件工程量计算公式，如图 3-148 所示。

七、布设构造柱

（1）选择"构造柱智能布置"选项卡，如图 3-149 所示。

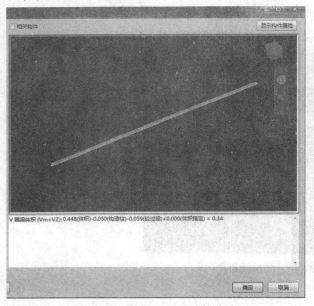

图 3-148　构件工程量计算公式

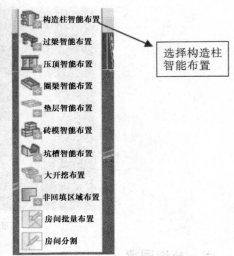

图 3-149　"构造柱智能布置"选项卡

（2）按照工程图纸总说明，参照图集，设置构造柱布置规则与截面尺寸，选择需要布置的楼层，单击"自动布置"按钮，即可完成构造柱的布置；也可以新建或删除规则。构造柱智能布置如图 3-150 所示。

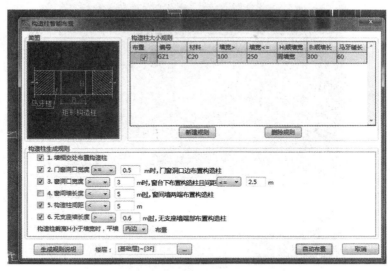

图 3-150　构造柱智能布置

（3）软件分析中，需要布置构造柱的墙，显示进度及构造柱个数，如图 3-151 所示。

（4）构件核对，查看构造工程量计算公式。

八、补设过梁

（1）按照工程图纸总说明，参照图集，设置过梁布置规则与截面尺寸，选择需要布置的楼层，单击"自动布置"按钮，即可完成过梁的布置。

图 3-151　进度显示

（2）也可以新建或删除规则，也可手动选择洞口布置构造。过梁智能布置如图 3-152 所示。

图 3-152　过梁智能布置

（3）构件核对，查看构造工程量计算公式，如图 3-153 所示。

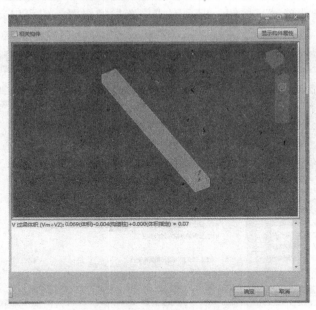

图 3-153　构造工程量计算公式

例如：门的过梁显示，如图 3-154 所示。

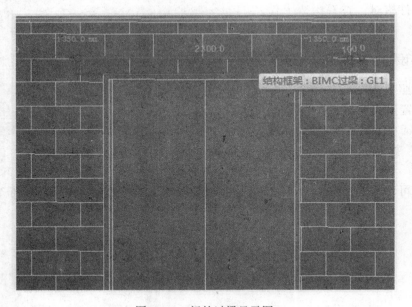

图 3-154　门的过梁显示图

九、补充压顶

（1）按照工程图纸总说明，参照图集，设置压顶布置规则与截面尺寸，选择需要布置的楼层，单击"自动布置"按钮，即可完成压顶的布置；也可以新建或删除规则。压顶智能布置如图 3-155 所示。

（2）也可手动选择洞口布置构件。

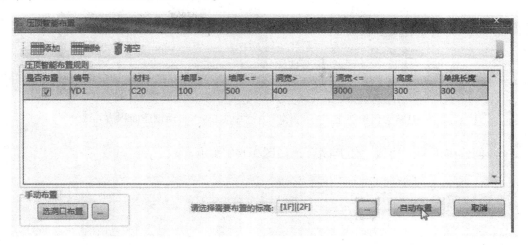

图 3-155　压顶智能布置

（3）构件核对，查看构件工程量计算公式，如图 3-156 所示。

十、布置脚手架

（1）创建脚手架平面，选择需要布置脚手架的楼层，单击"确定"按钮，如图 3-157
所示。

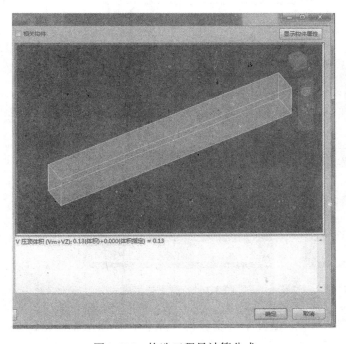

图 3-156　构造工程量计算公式

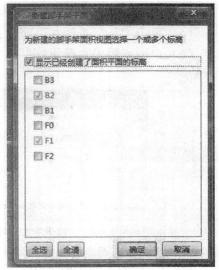

图 3-157　脚手架创建

（2）切换到楼层平面里，创建建筑面积，如图 3-158 所示。

（3）创建脚手架平面，单击"是"按钮，如图 3-159 所示

图 3-158　面积创建　　　　　　图 3-159　自动创建面积边界线

（4）创建脚手架外边线，使其闭合，如图 3-160 所示。

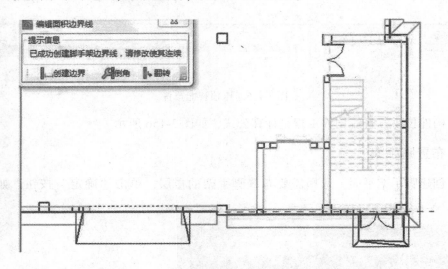

图 3-160　脚手架边界

（5）单击"是"按钮，布置脚手架，如图 3-161 所示。

（6）单击"确定"按钮后，软件自动根据外边线轮廓，自动生成脚手架，如图 3-162 所示。

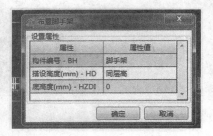

图 3-161　脚手架生成确定　　　　　图 3-162　脚手架生成

（7）三维视图中，绿色网格线即脚手架。也可手动创建脚手架。脚手架三维图如图 3-163 所示。

图 3-163　脚手架三维图

十一、补设建筑面积

（1）选择需要的建筑面积的楼层位置，可全选或单个选择，如图 3-164 所示。单击"确定"按钮，创建成功，如图 3-165 所示。

图 3-164　新建建筑面积平面　　　　图 3-165　BIMC 建筑平面创建成功

（2）切换到楼层平面时，创建建筑面积，如图 3-166 所示。

（3）建筑面积下拉列表中有四个选项，选择"创建面积边界"，如图 3-167 所示。

图 3-166　楼层平面选择　　　　　　图 3-167　创建面积边界

（4）选择自动创建面积边界线，如图 3-168 所示。

（5）智能识别内外墙，如图 3-169 所示。

（6）检查外墙外边线是否闭合，修正未闭合的线，如图 3-170 所示。

图 3-168　自动创建面积边界线

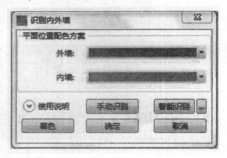

图 3-169　内外墙识别

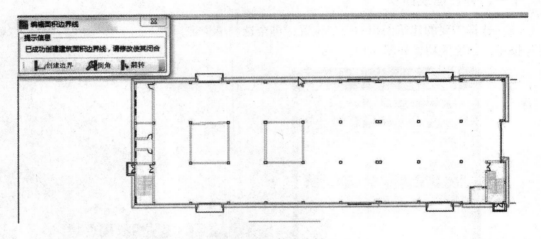

图 3-170　外墙绘制

（7）选择创建建筑面积，在平面封闭的线框内，选择一个交点，单击鼠标右键，即可出现建筑面积，如图 3-171 所示。

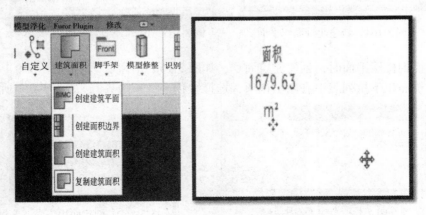

图 3-171　建筑面积生成

（8）汇总计算后，在工程特征中，就可查看到楼层的建筑面积，建筑面积也可以复制。

十二、补设砖模

（1）按照工程图纸总说明，参照图集，补设砖模布置规则与截面尺寸，选择需要布置的楼层，点击"自动布置"，即可完成砖模的布置；也可以新建或删除规则。也可手动选择布置构件。砖模智能布置如图 3-172 所示。

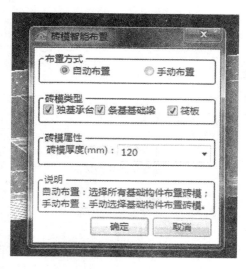

图 3-172　砖模智能布置

（2）核对构件，查看构件工程量计算公式，如图 3-173 所示。

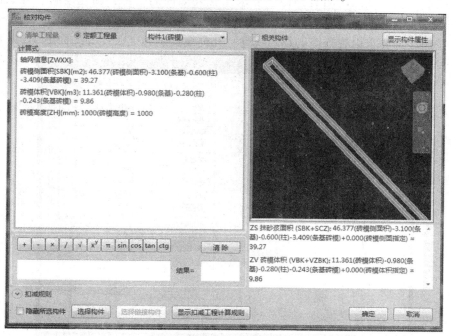

图 3-173　构件工程量计算公式

十三、补设外墙装饰

（1）外墙装饰智能补设，如图 3-174 所示。

（2）先识别内外墙，再选择外墙装饰布置，如图 3-175 所示。

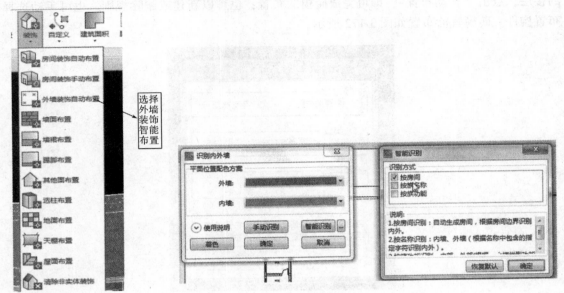

图 3-174　"外墙智能
　　　　　布置图"选项卡

图 3-175　识别内外墙

（3）按照工程图纸总说明装饰做法要求布置外墙面的装饰，新建踢脚、外墙面、墙裙及其他面。

（4）按照装饰要求设置外墙的物理属性、几何属性、施工属性等，如图 3-176 所示。

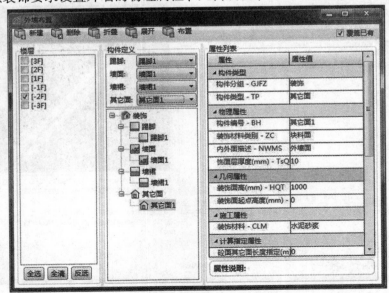

图 3-176　外墙布置设置

（5）单击"布置"按钮。删除已有外墙装饰，是为了避免构件重复布置，如图3-177所示。

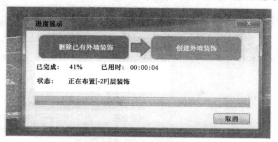

图3-177　外墙装饰布置图

（6）核对构件，查看构件工程量计算公式，如图3-178所示。

图3-178　构件工程量计算公式

第五节　钢筋工程量布设

一、基础钢筋布设

1. 条形钢筋布设

（1）对结构模型中的条形基础进行的钢筋布置与独立基础的布置方法相同，只是在给不同类型的条形基础定义钢筋时有所不同，如图3-179所示为条形基础的钢筋定义。

（2）图3-179所示条形基础钢筋布置相对简单，只需对其受力钢筋与分布钢筋进行设置，但是对于条形基础路径上有高差的情况，需要对其节点部位进行设置。

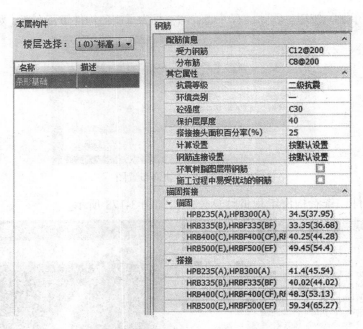

图 3-179　条形基础的钢筋定义

2. 独立基础钢筋布设

（1）对结构模型中的独立基础进行钢筋布置时，需先查看模型中的独立基础是否在正确的构件分类下，若分类不正确还需动手调整。

（2）然后对各类型的独立基础进行钢筋的定义。如图 3-180 所示为独立基础钢筋定义。

（3）在图 3-180 中，左侧为结构模型中所包含的所有的独立基础，名称的表示要根据不同软件要求进行设置，可对其中某种独立基础进行相关描述。

（4）图 3-180 右侧为左侧选中的独立基础的钢筋定义，根据结构施工图中独立基础的钢筋信息进行设置。设置完成后可直接在模型中点选构件进行钢筋布置。

3. 筏板基础钢筋布设

在钢筋工程量计算软件中，对于筏板基础钢筋的布置如图 3-181 所示，均在"板筋布置"中根据板筋设计情况进行布置。

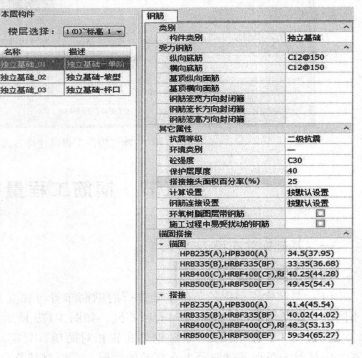

图 3-180　独立基础钢筋定义

图 3-181　筏板基础钢筋布设

二、基础梁钢筋布设

对基础梁进行钢筋布置时，按照结构施工图对其进行相应的设置之后，还需仔细核查节点部位的钢筋设置情况。如图 3-182 所示为基础梁的钢筋定义界面。

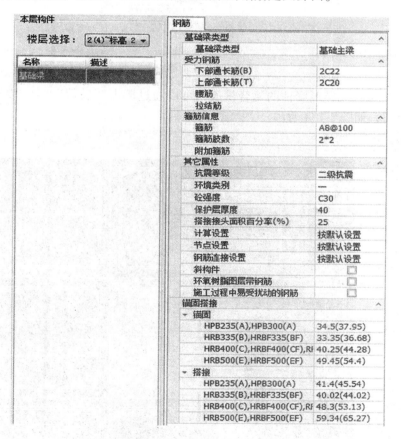

图 3-182　基础梁钢筋定义

三、柱钢筋布设

（1）地下室柱钢筋的布置需要考虑到柱与基础的连接，即对柱进行受力钢筋及箍筋等信息布置后还需设置其节点样式，如图 3-183 所示。

图 3-183　柱钢筋定义

（2）对于框架柱或异形墙柱的复合箍筋，可以通过单击"肢数"后的按钮打开箍筋库进行选择或新建，如图 3-184 所示。

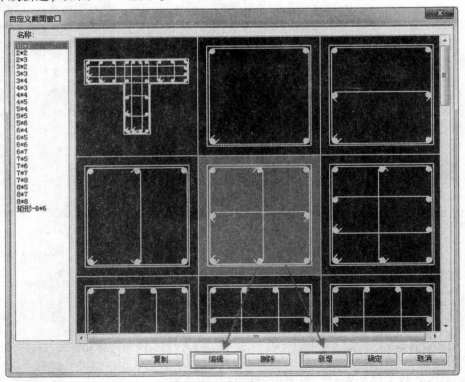

图 3-184　柱箍筋定义

四、梁钢筋布设

在定义梁原位标注前，可以对局部特殊跨数进行支座的设置与删除操作。根据梁的集中标注在图 3-185 所示界面进行钢筋定义，另外在图 3-186 所示功能下进行梁原位标注的定义。

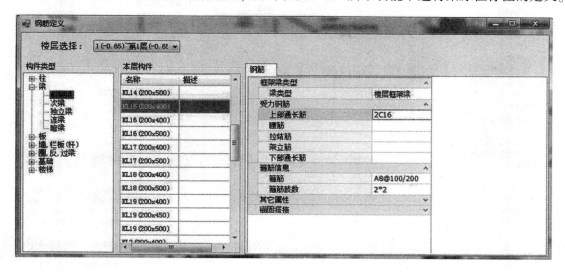

图 3-185　梁的集中标注钢筋定义

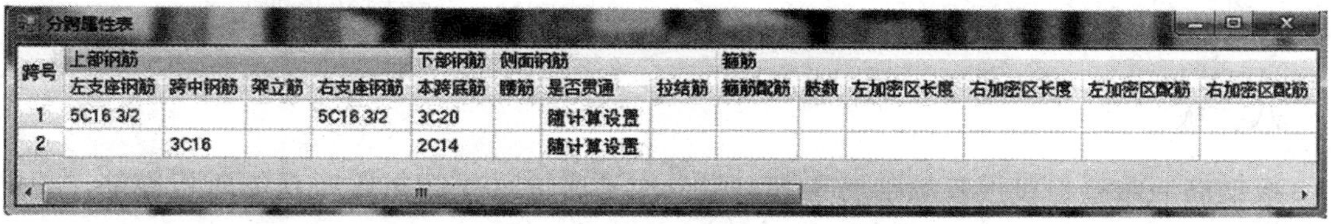

图 3-186　梁的原位标注钢筋定义

五、过梁

当墙体上开设门窗洞口且墙体洞口大于 300mm 时，为了支撑洞口上部砌体所传来的各种荷载，并将这些荷载传给门窗等洞口两边的墙，常在门窗洞口上设置横梁，该梁称为过梁。过梁构件通常在软件中是可以自动布置的。图 3-187 所示为过梁的钢筋定义。

六、混凝土墙

混凝土墙钢筋主要包括水平、垂直分布钢筋以及墙体拉结筋。还需对其不同类型暗柱以及相邻墙钢筋节点等进行设置。总之，对构件钢筋设置越精细，工程量越精确。图 3-188 所示为混凝土墙钢筋设置。

七、砌体墙拉结筋

砌体墙拉结筋不需进行手工创建，此项钢筋应按照结构设计要求利用软件自动布置，这里不详述。

配筋信息	
配筋方式	矩形配筋
上部通长筋	2C20
下部通长筋	2C22
箍筋	A8@100
箍筋胶数	2*2
分布钢筋	A10@100
其它属性	
抗震等级	二级抗震
环境类别	—
砼强度	C30
保护层厚度	20
搭接接头面积百分率(%)	25
计算设置	按默认设置
节点设置	按默认设置
钢筋连接设置	按默认设置
斜构件	☐
环氧树脂涂层带肋钢筋	☐
施工过程中易受扰动的钢筋	☐
锚固搭接	
▾ 锚固	
HPB235(A),HPB300(A)	34.5(37.95)
HRB335(B),HRBF335(BF)	33.35(36.68)
HRB400(C),HRBF400(CF),RF	40.25(44.28)
HRB500(E),HRBF500(EF)	49.45(54.4)
▾ 搭接	
HPB235(A),HPB300(A)	41.4(45.54)
HRB335(B),HRBF335(BF)	40.02(44.02)
HRB400(C),HRBF400(CF),RF	48.3(53.13)
HRB500(E),HRBF500(EF)	59.34(65.27)

本层构件

楼层选择：1(0)~标高 1 ▾

名称	描述
墙200	

钢筋	
基本属性	
水平分布钢筋	C10@200
垂直分布钢筋	C10@200
墙体拉结筋	A6@600*600
钢筋排数	2
其它属性	
抗震等级	二级抗震
环境类别	—
砼强度	C30
保护层厚度	15
搭接接头面积百分率(%)	25
计算设置	按默认设置
节点设置	按默认设置
钢筋连接设置	按默认设置
斜构件	☐
环氧树脂图层带钢筋	☐
施工过程中易受扰动的钢筋	☐
锚固搭接	
▾ 锚固	
HPB235(A),HPB300(A)	34.5(37.95)
HRB335(B),HRBF335(BF)	33.35(36.68)
HRB400(C),HRBF400(CF),RF	40.25(44.28)
HRB500(E),HRBF500(EF)	49.45(54.4)
▾ 搭接	
HPB235(A),HPB300(A)	41.4(45.54)
HRB335(B),HRBF335(BF)	40.02(44.02)
HRB400(C),HRBF400(CF),RF	48.3(53.13)
HRB500(E),HRBF500(EF)	59.34(65.27)

图 3-187　过梁的钢筋定义　　　　　　　　图 3-188　混凝土墙的钢筋定义

八、板

板钢筋的布置与筏板基础钢筋布置类似，均是通过"板筋布置"功能对板底筋、面筋、跨板面筋、板负筋等进行布置。图 3-189 所示为板筋定义。

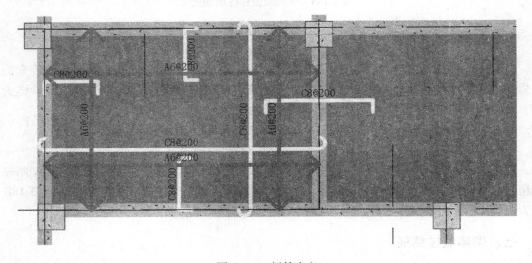

图 3-189　板筋定义

九、每一楼层钢筋工程量布设

每一楼层钢筋工程量布设情况见表 3-8。

表 3-8　每一楼层钢筋工程量布设

类　　别	内　　容
首层钢筋工程量	首层钢筋工程量计算过程同地下室构件钢筋工程量计算流程相同，也是先对首层构件进行钢筋的布置，前提是工程设置与构件绘制的准确性 在首层平面中也可能会存在独立基础、基础梁构件，对其钢筋的布置与地下室对应构件相同，只是要根据施工图设计及设计说明中的要求进行布置。对于其他构件的钢筋布置方法基本类似，只是在钢筋定义、节点选择中需根据不同的施工设计来设定 首层柱钢筋布置时，若柱下有独立基础则与地下室布置方法相同，根据不同的柱钢筋设计修改其参数及选择其节点。若首层柱是地下室柱的向上延伸，则在节点选择时应根据本层设计而定 首层梁筋、板筋、混凝土墙钢筋、过梁筋均与地下室布置方法类似，根据施工图设定相应参数即可 图 3-190 为楼梯形式的选择及楼梯钢筋的布置。图中左侧可根据项目中楼梯设计进行楼梯形式的选择，选中相应楼梯形式之后即可在图中相应位置进行楼梯钢筋的布置
其他层钢筋 工程量	其他层构件主要包括柱、梁、板、楼梯、混凝土墙、砌体墙等，其钢筋布置方法均与前述相同，只需按照施工图设计进行设定即可。
顶层钢筋工程量	顶层柱、梁、板钢筋的布置与下部楼层相同，其中对于挑檐及压顶钢筋的布置，需要先在节点构件选项下创建相应的节点，然后切换到节点钢筋选项，依据施工图纸进行挑檐及压顶节点钢筋的创建

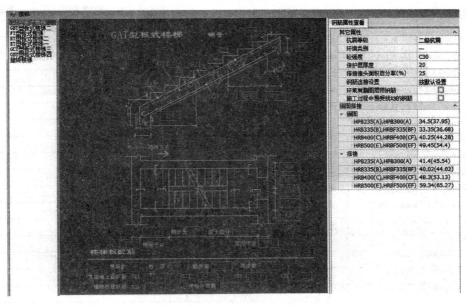

图 3-190　楼梯钢筋布置

十、钢筋量分析

1. 核对钢筋

钢筋布置完成之后，为保证正确性可通过软件提供的钢筋核对功能进行检查并修改，也可以在布置构件钢筋的同时随时进行校核。

2. 统计钢筋量

在确认构件钢筋布置正确后，就可以统计钢筋工程量了。在统计之前需先设置其统计条件。图 3-191 所示为钢筋量统计条件，图 3-192 所示为钢筋计算图表，图 3-193 所示为钢筋量统计表。

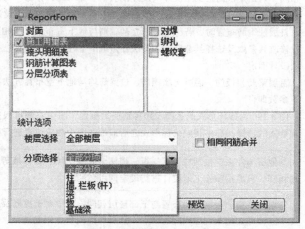

图 3-191　钢筋量统计条件

钢筋计算图表

工程名称:　　2016年11月03日　　第1页，共3页

序号	名称	编号	相同数	钢号直径	钢筋图形	根数	单根长度	总根数	总重量	接头总数
		-2：合计重量(KG)：252.68								
1	KZ1 (500 x 500)	B 边一侧_低位	1	22		2	0.67	2	3.98	2
2	KZ1 (500 x 500)	B 边一侧_高位	1	22		2	1.44	2	8.56	2
3	KZ1 (500 x 500)	B 边一侧低位_	1	22		2	3.31	2	19.74	0
4	KZ1 (500 x 500)	B 边一侧高位_	1	22		2	2.54	2	15.16	0
5	KZ1 (500 x 500)	H 边一侧_低位	1	22		2	0.67	2	3.98	2
6	KZ1 (500 x 500)	H 边一侧_高位	1	22		2	1.44	2	8.56	2
7	KZ1 (500 x 500)	H 边一侧低位_	1	22		2	3.31	2	19.74	0
8	KZ1 (500 x 500)	H 边一侧高位_	1	22		2	2.54	2	15.16	0
9	KZ1 (500 x 500)	角筋_低位基础	1	22		1	0.87	1	1.99	2
10	KZ1 (500 x 500)	角筋_高位基础	1	22		1	1.44	1	4.28	2
11	KZ1 (500 x 500)	角筋低位_连接	1	22		1	3.31	1	9.87	0
12	KZ1 (500 x 500)	角筋高位_连接	1	22		1	2.54	1	7.58	0
13	KZ1 (500 x 500)	箍筋	1	8		22	2.03	22	17.6	0
14	KL2 (300x500)	第1跨腰筋	1	14		2	6.63	2	16.04	0
15	KL2 (300x500)	第1跨箍筋	1	8		55	1.63	0	35.2	0
16	KL2 (300x500)	第2跨箍筋	1	8		28	1.63	0	17.92	0

图 3-192　钢筋计算图表

钢筋预(结)算分层分项统计表

工程名称: 小学教学楼工程　　　　2016年11月05日　　第1页, 共3页

钢号	6	8	10	12	14	16	18	20	22	25
第1层: 框架柱分层分项筋质量小计(005): 80.68										
A		43.2								
B										
C										
D										
第1层: 框架梁										
A	71.73	850.84								
B										
C										
D										
第1层: 平板										
A										
B										
C		28.56								
D										
第1层: 独立基础										
A		145.2								
B										
C										

施工用量表

工程名称:　　　　　　　　　　2016年11月04日　　第1页, 共1页

钢号	直径(mm)										重量(Kg)	
	4	5	6	6.5	7	8	9	10	11	12	14	
A			106.54			1678.38						
B												
C										691.68	709.52	
D												

钢号	直径(mm)										重量(Kg)
	16	18	20	22	25	28	30	32	36	40	
A											
B											
C			1712.8	2966.76							
D											

图 3-193　钢筋量统计表

第六节　算量套用及统计

一、算量套用

1. 手动套用土建工程量

手动套做法的基本操作流程: 绘图输入→选择构件→定义→选择清单→选择定额→检查做法是否套齐全→做法刷。

(1) 先到绘图输入界面, 单击"定义"按钮, 选择要套取做法的构件, 如"Q-2 外墙"。

(2) 在界面下方会有清单和定额可以选择, 可根据属性编辑框该构件的属性类别进行清单定额的套取, 套取清单定额时, 软件会自动生成匹配构件属性的清单定额 (图 3-194)。

(3) 在套取好相应的清单定额后, 检查单位、工程量表达式是否正确, 也可双击清单项目特征进行描述以区别、分类汇总工程量, 如图 3-195 所示。

(4) 如果软件自动匹配的清单、定额没有所需要套的清单、定额, 那么可以到清单库和定额库进行查询选择。

(5) 选择清单时, 可用章节查询, 也就是点开对应的章节, 双击所选清单或定额即可; 也可用条件查询, 对关键字进行搜索 (图 3-196)。

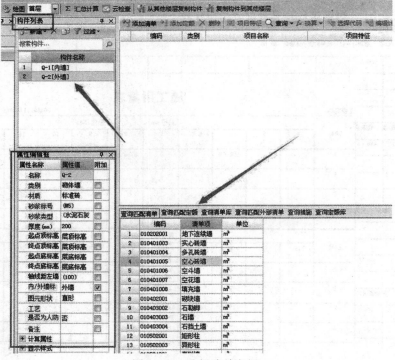

图 3-194　选择清单定额

图 3-195　编辑项目特征

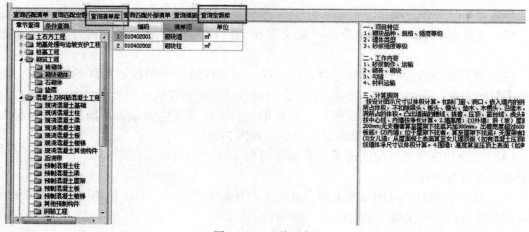

图 3-196　查询选择

（6）需要注意的重点：工程量表达式及说明是否正确；是否重复套用做法；是否漏套用做法。

注意：软件中按快捷键"F8"，可以检查是否重复套用做法与未套做法构件，对于错误的可双击鼠标左键达到该构件所在位置。

2. 手动套用装饰装修工程量

步骤：新建构件→属性编辑→定义→清单套用→项目特征→定额套用→检查工程量表达式。

在广联达 BIM 土建算量软件中，对于装饰装修的工程量都需要手动套用做法，这与图 3-197 所示的属性编辑框是有关的。装修中的楼地面 DM-1 属性编辑框与匹配清单库，只有一个名称和块料厚度是可供软件自动识别套用做法的，但这两点还不足够软件识别构件的做法具体是什么。楼地面的清单包括水泥砂浆楼地面、现浇水磨石楼地面、细石混凝土楼地面等众多清单与定额。这就需要结合建筑图中的装修表来定义 DM-1 具体套用哪一条清单。

提示：

在具体工程中，要对构件的名称进行修改，不可直接用 DM-1、DM-2 等默认名称。需要根据建筑图装修表来修改构件名称，如 20mm 厚 1:2 水泥砂浆地面、10mm 厚 1:3 水泥砂浆地面等，这方便后面提取工程量，以免混淆。

图 3-197　楼地面属性编辑框

以图 3-198 为例，把 DM-1 修改名称为"20mm 厚 1:2 水泥砂浆地面"、块料厚度输入"20"，再到匹配清单库中双击鼠标左键套用编号为 011101001 水泥砂浆楼地面的清单，清单套用成功再输入项目特征"20mm 厚 1:2 水泥砂浆地面"，检查单位及工程量表达式是否正确，如图 3-199 所示。套用好清单之后，需套定额子母。切换到查询匹配定额页面，根据图 3-198 得知，所需套用定额的有 60mm 厚 C15 混凝土、20mm 厚 1 : 2 水泥砂浆抹面压光。60mm 厚 C15 混凝土套用编号为 A4-3 混凝土垫层定额；20mm 厚 1 : 2 水泥砂浆抹面压光套用编号为 A9-1 水泥砂浆找平层混凝土或硬基层上 20mm 定额，如图 3-200 所示。

1. 20厚1:2水泥砂浆抹面压光
2. 素水泥浆结合层一遍
3. 60厚C15混凝土　　3. :
4. 素土夯实

图 3-198　做法表

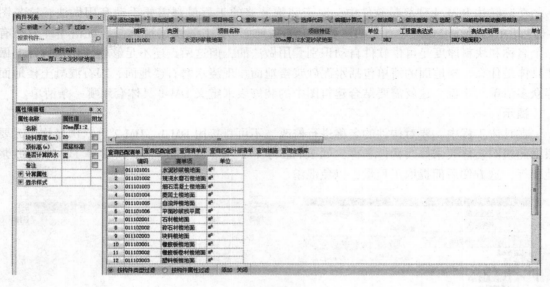

图 3-199　楼地面手动套用清单

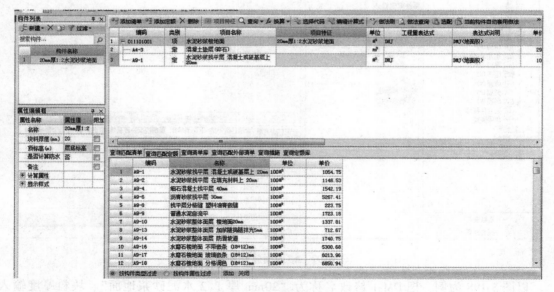

图 3-200　楼地面手动套用定额

A4-3 的定额在匹配定额中搜索不到，因为 A4-3 的定额属于混凝土与钢筋工程，而楼地面属于装饰装修部分。A4-3 的定额套用之后软件识别不了工程量表达式，此时需要手动添加。单击工程量表达式的框，再单击框中的符号即可选择，如图 3-201、图 3-202 所示。为了防止漏套定额，建议把楼地面的垫层定额量套用在楼地面清单中。

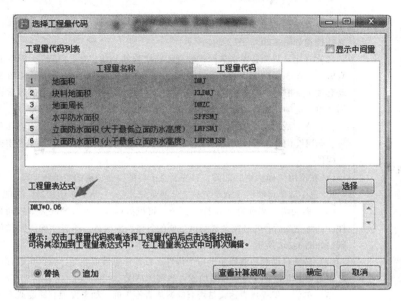

图 3-201　选择工程量代码

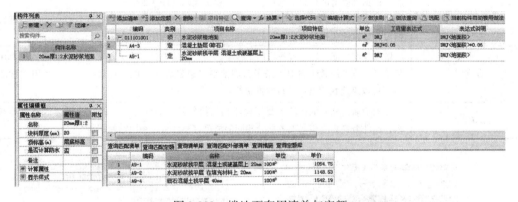

图 3-202　楼地面套用清单与定额

二、自动套用

在绘图输入中对已新建布置好的构件图元，软件能够自动计算相应构件的所有代码工程量，套做法就是选取我们需要的清单项及定额子目，它可以辅助提取想要的相应工程量。以墙为例，学习如何在软件中套用清单和定额。

自动套用具体方法见表 3-9 及图 3-203 至图 3-209。

表 3-9　自动套用具体方法

类　　别	内　　容
自动套取清单	自动套用做法的基本操作流程如下：绘图输入→选择构件→定义→当前构件自动套做法→编辑项目特征→检查做法是否套齐全→检查工程量表达式及表达式说明是否正确→做法刷 （1）在软件的绘图输入界面，单击选择需要套做法的构件，如"墙"，然后单击"定义"按钮如图 3-203、图 3-204 所示 （2）在定义界面，单击选择构件列表任意构件，如"Q-1 内墙"，用单击当前构件自动套做法（图 3-205），完成自动套做法之后，单击"确认"按钮即可（图 3-206）。软件自动套做法是根据构件属性（图 3-207）的属性编辑框中所示的蓝色字体属性名称套取相应的清单、定额完成自动套做法功能的 （3）在完成自动套做法动能，确认听套取清单和定额无误后，可对该工程同类型、同名称、同属性构件进行做法刷功能，也就是复制该构件的清单定额到本楼层或其他楼层相应的构件 1）在使用"做法刷"之前，首先要选中所需要做法刷的清单和定额 2）选中清单定额后（清单定额会全部变成蓝色），单击"做法刷"功能 3）"做法刷"界面有"过滤"选项，可根据构件属性过滤同类型或同名称或同属性构件，过滤完成后，勾选需要进行做法刷的各楼层的构造，单击"确认"按钮即可完成做法刷，如图 3-208 所示 （4）做法自动套功能适用于每个构件，且操作流程都一样，在操作过程中要注意：清单定额是否套取正确，是否有漏项或者多套的情况 （5）单位、工程量表达式是否有缺漏或者不正确，如果发现有缺漏或者有错误，可根据工程实际情况在该项清单或者定额的工程量表达式右下双击弹出"选择工程量代码"框后，根据列表有的代码，选择相应的工程量代码（图 3-209） 另外，"工程量表达式"不一定要使用工程量代码，也可以用公式替代，并可以进行四则运算。软件还提供参数图元公式和图形计算公式两种计算方法
查询	做法查询功能：用于查找当前工程中已经套用的子目。比如想知道都有哪些构件套用了某子目，或者用做法刷把一条子目刷给很多子目后又发现子目套错误了，利用"做法查询"可以迅速找到这些子目并批量删除
选配	选配功能：从其他构件中复制做法到当前构件。如构件 Q-1 内墙已经套取完清单和定额，构件需要套取相同或者部分相同的清单定额，可以利用选配功能

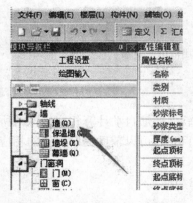

图 3-203　绘图输入界面选择构建

图 3-204　单击"定义"

图 3-205　选中构件自动套做法

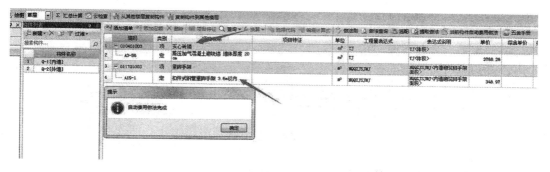

图 3-206　自动套做法完成

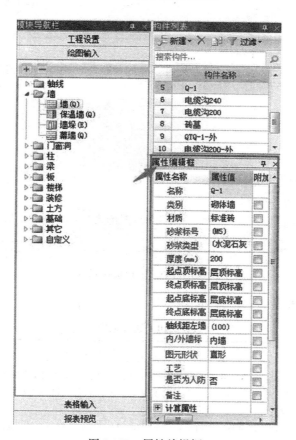

图 3-207　属性编辑框

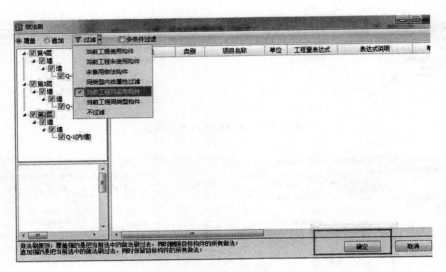

图 3-208　过滤构件

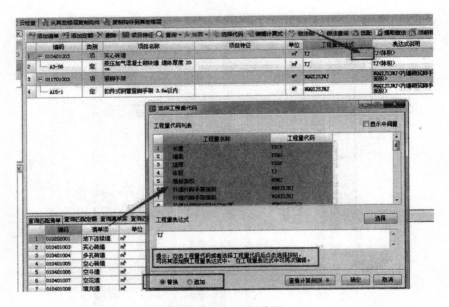

图 3-209　工程量代码

统计输出操作见表 3-10。

表 3-10　统计输出

类　　别	内　　容
楼层组合	基于 Autodesk Revit 软件的分析统计软件，在模型创建完成进行分析统计时，不需再对模型进行楼层组合。只需根据所选分析统计软件，进行工程设置、模型映射、构件分类的设置 楼层组合概念因所选软件不同而不同，对于常规三维算量软件则存在各楼层模型创建完成之后的楼层组合

（续）

类　别	内　容
图形检查	土建及钢筋的相关图集规范均已录入到软件中，因此在模型创建完成之后可通过软件对其进行自动检查。并且进行图形检查的依据就是录入的图集规范 建模功能中完成模型之后到相应算量功能中，首先根据实际工程具体情况进行映射规则、结构说明以及相应工程特征的设置，也可根据实际情况修改已有映射规则方案并将其保存至方案库 另外，在分析统计工程量之前可先对构件进行核对，也可通过图形检查对整个模型进行检查
构件编辑	软件对模型构件的编辑有很多种形式，如对构件几何信息和非几何信息的编辑，对构件工程量计算规则的编辑等 （1）模型构件的几何信息是指构件的位置、尺寸信息。这些信息在进行模型构件的创建时就进行了设置，当然在模型构件创建完成之后一样可以对其进行编辑、完善工作。图3-210为构件批量编辑 （2）模型构件的非几何信息是指构件的相关属性信息，如构件材质、钢筋信息、生产厂家、型号等。在模型构件创建时可对材质、钢筋信息进行完善，其他信息可在模型创建完成之后进行补充 （3）模型构件工程量的计算规则是软件根据相应的规范进行设置的，一般情况下无需修改。但是对于特殊构件的工程量计算也可根据实际情况对其进行修改
工程量计算规则设置	（1）BIM模型算量软件是结合国际先进的BIM理念与工程设计、工程预算、项目管理为一体的贯穿项目全生命周期的工程管理软件 （2）BIM模型虽然是通过软件进行模型工程量的分析统计，但是其工程量的计算规则依然是国标清单规范和各地定额工程量计算规则。因此，工程量计算规则的设置也就是BIM算量模型的整个算量流程中的设置
工程设置	工程设置是对工程项目的一些基本信息进行设置，包括计量模式、楼层设置、映射规则、结构说明及工程特征的设置 （1）计量模式。计量模式是对BIM模型算量的计算依据进行的选择及相关设置 1）计算依据中定额模式是指仅按定额计算规则计算工程量，清单模式是指同时按照清单和定额两种计算规则计算工程量。模式选完后在对应下拉选项中选择对应省份的清单、定额库 2）相关设置中的算量选项是工程中的计算规则，用户也可以自定义一些算量设置，包括工程量输出、扣减规则、参数规则、跨层扣减规则、措施输出、规则条件取值、工程量优先顺序，如图3-211所示 （2）楼层设置。楼层设置中，软件读取工程设置中数值，根据所勾选层高，系统自动生成项目中的楼层，不可改动，如图3-212所示 （3）映射规则。映射规则是BIM模型与算量模型之间的构件映射设置，它将模型构件转化成软件可识别的构件。软件本身有构件转换的默认方案，可根据名称进行材料和结构类型的匹配，当根据族名未匹配成理想效果时，执行族名修改或调整转化规则设置，这样可提高匹配成功率，如图3-213所示 （4）结构说明。结构说明是对模型中构件的混凝土、砌体材料进行的设置，也可以直接启用材质映射中的材质匹配。结构说明设置页面包含楼层、构件名称、材料名称以及强度等级等，如图3-214所示 （5）工程特征。工程特征是对工程概况、计算定义、土方定义的设置，其中在计算定义及土方定义中有些参数是要根据工程项目实际情况必须进行设置的

（续）

类　别	内　容
模型映射	（1）模型映射是将 BIM 模型中的构件按照国家相关规范转化成算量软件中可识别的构件分类。模型映射结构如图 3-215 所示 （2）图 3-215 是软件自动映射的结果，左侧 Revit 模型是 BIM 模型中的构件，右侧算量模型是软件自动识别后的结果。在算量模型列中，对映射匹配出错的类别可直接点击进行修改，如图 3-216 所示
构件列表	（1）构件列表对话框中包含了项目中所有已建立并转换完成的构件。用户可根据需要在相应构件下挂接清单、定额 （2）对于装饰构件需先在此列表中创建构件定义，才能进行后期装饰布置
核对构件	（1）BIM 模型按照一定的规范转化成算量模型之后，对其构件挂接相应的清单定额之后，执行分析命令可将工程的工程量计算出来 （2）由于工程的严谨性，在工程分析的时候，需查看图形构件的几何尺寸及与周边构件的关系和当前计算规则设置 （3）虽然 BIM 模型能按照一定的规范转化成算量模型，从而进行工程量的计算，比较省时高效，但是对于各构件工程量计算的原理工作人员应该提前知晓。这样才能通过 BIM、通过软件提高工作效率与工作质量
分析统计工程量	（1）算量模型转化完成并对构件做法进行挂接完成之后，即可进行工程量的分析与统计 （2）在分析统计工程量时可以将其实物量与做法量同时输出，也可以分组、分楼层、分构件进行工程量的统计分析，如图 3-217 所示
输出报表	软件本身内置了很多工程量报表，如实物量汇总表、实物量明细表、做法明细表等。可根据工程项目实际需要分析统计相应参数并输出相应报表

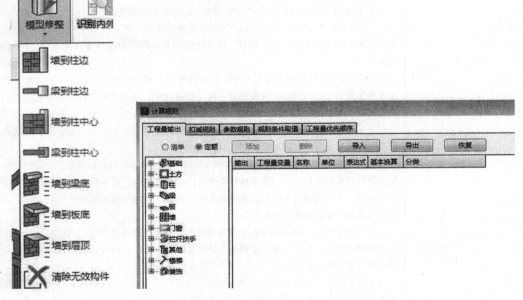

图 3-210　构件批量编辑　　　　　　　　　　图 3-211　计算规则

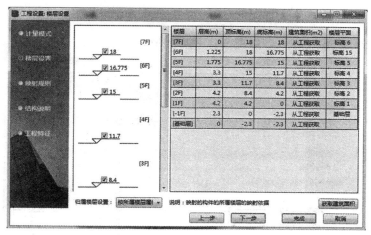

图 3-212　楼层设置

图 3-213　映射规则

图 3-214　结构说明

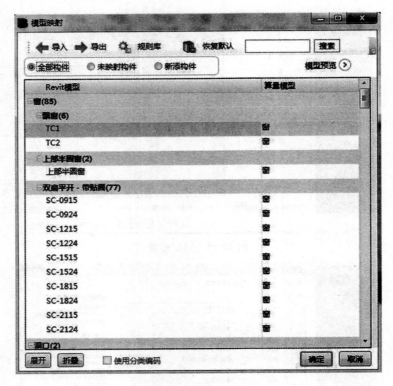

图 3-215　模型映射

图 3-216　构件类别设置

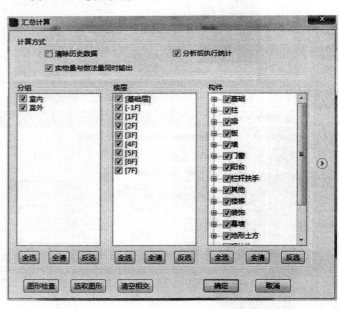

图 3-217　汇总计算

第四章　基于 BIM 技术的 Revit 算量

第一节　工程项目材料明细表处理

基于 BIM 技术的 Revit 算量工程项目材料明细处理见表 4-1。

表 4-1　明细处理

类　别	内　容
门明细表	（1）新建门明细表。选择"视图"→"明细表"→"明细表/数量"命令，在弹出的"新建明细表"对话框中，选择"门"类别，然后单击"确定"按钮，如图 4-1 所示 （2）添加可用字段。在弹出的"明细表属性"对话框的"可用的字段"列表框中，选择"合计""宽度""类型""高度"这 4 个字段，并单击"添加"按钮，将这 4 个字段依次加入"明细表字段（按顺序排列）"列表框中，如图 4-2 所示 （3）调整明细表字段顺序。在"明细表字段（按顺序排列)"列表框中选择相应的字段单击"上移"或"下移"按钮。将字段按"类型""宽度""高度""合计"顺序排列，如图 4-2 所示 （4）单击"排序/成组"选项卡，在"排序方式"栏中选择"类型"选项，取消"逐项列举每个实例"的勾选，并单击"确定"按钮完成操作，如图 4-3 所示。此时可以观察到系统自动生成了"门明细表"，明细表的位置保存在"明细表/数量"下的"门明细表"处，如图 4-4 所示
窗明细表	（1）新建窗明细表。选择"视图"→"明细表"→"明细表/数量"命令，在弹出的"新建明细表"对话框中，选择"窗"类别，单击"确定"按钮，如图 4-5 所示 （2）添加可用字段。在弹出的"明细表属性"对话框的"可用的字段"列表框中，选择"类型""宽度""高度""合计"这 4 个字段并调好顺序，然后单击"排序/成组"选项卡，进入下一步操作，如图 4-6 所示 （3）在"排序/成组"选项卡的"排序方式"栏中选择"类型"选项，取消"逐项列举每个实例"的勾选，并单击"确定"按钮完成操作，如图 4-7 所示。此时可以观察到系统自动生成了"窗明细表"，明细表的位置保存在"明细表/数量"下的"窗明细表"处，如图 4-8 所示 （4）修改明细表 1）明细表的修改非常方便，在"属性"面板的"其他"栏中，有"字段""过滤器""排序/成组""格式""外观"这 5 个子类，分别与"明细表属性"对话框中的 5 个同名选项卡一一对应 2）若修改明细表，只需要单击"属性"面板中相应的"编辑"按钮，即可进入对应的对话框，如图 4-9 所示 （5）复制生成空调洞口明细表 1）这个项目中的空调洞口采用的是窗族制作的，因此空调洞口的明细表也属于"窗"类别，复制后可以进行修改 2）右击"项目浏览器"面板中的"窗明细表"栏，在弹出的快捷菜单中选择"复制视图"→"复制"命令，在弹出的"重命名视图"对话框中命名为"空调洞口明细表"，并单击"确定"按钮，如图 4-10 所示

类　　别	内　　容
窗明细表	（6）调整"空调洞口明细表" 　1）单击"属性"面板中"过滤器"栏旁边的"编辑"按钮，在弹出的"明细表属性"对话框中，选择"过滤器"选项卡，在其中设置"过滤条件"为"宽度""等于""80"，并单击"确定"按钮，如图 4-11 所示 　2）重新生成的"空调洞口明细表"，如图 4-12 所示 　（7）隐藏"空调洞口明细表"多余选项。依次选择"空调洞口明细表"中的"宽度""高度"两列，单击"隐藏"按钮，如图 4-13 所示。将这两列分别隐藏后的"空调洞口明细表"如图 4-14 所示，这个才是统计空调洞口个数需要的明细表 　（8）飘窗凸出距离 　1）在"窗明细表"中虽然有洞口尺寸，但是没有飘窗凸出的距离，因为这个尺寸不是默认参数 　2）在前面建飘窗时，使用了共享参数的方法设置了"C3 凸出距离"与"C4 凸出距离"两个参数，由于是共享参数，同样也可以出现在明细表字段中 　3）进入"窗明细表"，在"属性"面板中，单击"字段"栏旁边的"编辑"按钮，弹出"明细表属性"对话框，在"字段"选项卡中，分别选择"C3 凸出距离"与"C4 凸出距离"两个字段，然后单击"添加"按钮，插入到"明细表字段"栏中，最后单击"确定"按钮完成操作，如图 4-15 所示 　4）可以观察到系统会刷新"窗明细表"，出现"C3 凸出距离"与"C4 凸出距离"两项，如图 4-16 所示
统计门窗表	在工程施工与工程算量时，有时需要门窗表提供楼层信息，即各类型的门在同一楼层的个数。这就要使用到 Revit 中的"项目参数"的概念了 　（1）新建项目参数。选择"管理"→"项目参数"命令，在弹出的"项目参数"对话框中单击"添加"按钮，添加需要的"楼层"参数，如图 4-17 所示 　（2）添加楼层参数。在弹出的"参数属性"对话框中，输入名称为"楼层"，设置参数类型为"文字"，分别勾选"窗""门"两项，单击"确定"按钮，如图 4-18 所示 　（3）例如选择六层门窗。在"项目浏览器"面板中选择"六"楼层平面，进入六层平面视图，然后框选本层所有的建筑构件，单击"过滤器"按钮，在弹出的"过滤器"对话框中单击"放弃全部"按钮，再分别选择"门""窗"两个类别，最后再单击"确定"按钮完成六层门窗的选择 　（4）设置六层门窗的楼层参数。在保证六层门窗全部被选中的情况下，在"属性"面板的"楼层"栏中输入"6F"，表示这些门窗的"楼层"参数为"6F"，如图 4-19 所示 　（5）又如选择一层门窗 　1）在"项目浏览器"面板中选择"一"楼层平面，进入一层平面视图，在其中框选一层所有的建筑构件，单击"过滤器"按钮，在弹出的"过滤器"对话框中单击"放弃全部"按钮，然后分别选择"门""窗"两个类别，最后再单击"确定"按钮完成一层门窗的选择，如图 4-20 所示 　2）设置一层门窗的楼层参数。在保证一层门窗全部被选中的情况下，在"属性"面板的"楼层"栏中输入"1F"，表示这些门窗的"楼层"参数为"1F"，如图 4-21 所示 　（6）在"窗明细表"中加入楼层 　1）在"项目浏览器"中双击"窗明细表"栏，进入"窗明细表"，在"属性"面板中单击"字段"栏旁边的"编辑"按钮 　2）在弹出的"明细表属性"对话框的"字段"选项卡中，选择"楼层"字段，这个"楼层"字段就是前面使用项目参数设定的 　3）单击"添加"按钮，将其加入到"明细表字段（按顺序排列）"列表框中

（续）

类　别	内　容
统计门窗表	4）单击"确定"按钮。可以观察到，系统会自动更新"窗明细表"，在其中已加入"楼层"项，如图 4-22 所示 （7）调整"窗明细表"参数 1）在"属性"面板中单击"排序/成组"栏旁边的"编辑"按钮，弹出"明细表属性"对话框，在"排序/成组"选项卡中勾选"逐项列举每个实例"选项，如图 4-23 所示 2）完成操作后，可以观察到系统会更新"窗明细表"，逐个列举出了每个窗的实例，并且有详细的楼层信息，如图 4-24 所示 3）有楼层信息的窗明细表就完成了。门明细表的操作与此基本一致，此处就不在冗余重复了。这样的明细表需要进一步设置，可以导入到 Excel 中完成
将明细表 导入 Excel 中	在 Revit 中对明细表也可以设置公式，但比较复杂，所以可以将表格导入电子表格 Excel 中，利用 Excel 现成的公式进行统计、计算、排序等操作 （1）导出明细表 1）选择"程序"→"导出"→"报告"→"明细表"命令，在弹出的"导出明细表"对话框中设计需要保存的路径与名字，单击"保存"按钮 2）之后系统会继续弹出一个"导出明细表"的对话框，不需要任何操作，单击"确定"按钮即可，如图 4-25 所示 （2）修改后缀名。找到导出并保存的窗明细表文件，按〈F2〉键，对其重命名。注意只更改后缀名，不要更改文件名，将后缀名改为 .xls，单击"是"按钮。双击打开这个文件，Windows 系统会自动调用 Excel，如图 4-26 所示
修改地漏的类别	（1）在"项目浏览器"面板中选择"一"楼层平面，进入一层平面视图，找到地漏的位置 （2）双击地漏，此时将进入族编辑模式，然后单击"族类别和族参数"按钮，在弹出的"族类别和族参数"对话框中选择"卫浴装置"选项，并单击"确定"按钮，如图 4-27 所示 （3）在建地漏族时，没有设置类别，因此系统将其定为默认的"常规模型"。这个类别不易统计，因此需要修改其类别 在操作界面中单击"载入到项目中"按钮，在弹出的"族已存在"对话框中，选择"覆盖现有版本及其参数值"选项，如图 4-28 所示。这样就将已经修改的地漏族重新载入项目文件中，并且更新了各类参数 （4）新建卫浴装置明细表。选择"视图"→"明细表"→"明细表/数量"命令，在弹出的"新建明细表"对话框中，选择"卫浴装置"类别，然后单击"确定"按钮，如图 4-29 所示 （5）添加可用字段。在"属性"面板中，单击"字段"栏旁边的"编辑"按钮，弹出"明细表属性"对话框，在"字段"选项卡中，选择"类型""合计"这两个字段并调好顺序，然后选择"排序/成组"选项卡，进入下一步的操作 （6）排序方式。在"排序/成组"选项卡的"排序方式"栏中选择"类型"选项，取消"逐项列举每个实例"的勾选，并单击"确定"按钮完成操作。此时可以观察到系统自动生成了"卫浴装置明细表"。明细表的位置保存在"明细表/数量"下的"卫浴装置"处，如图 4-30 所示

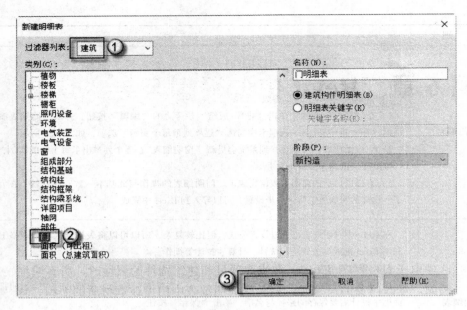

图 4-1　新建门明细表

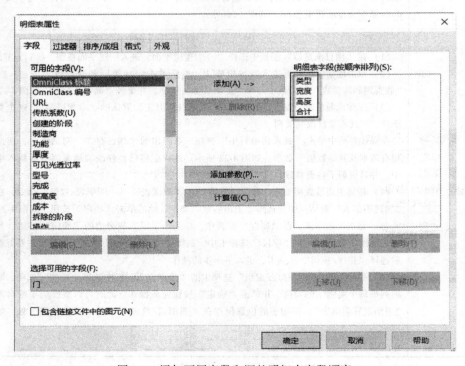

图 4-2　添加可用字段和调整明细表字段顺序

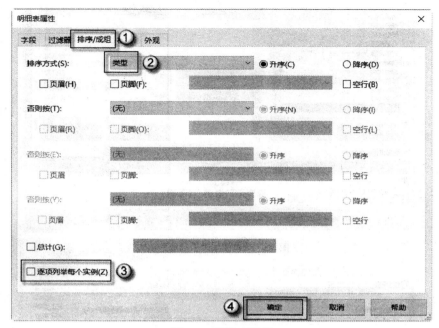

图 4-3　明细表排序

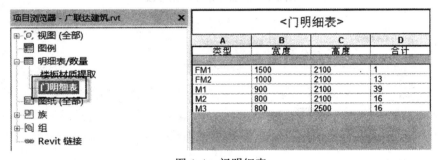

图 4-4　门明细表

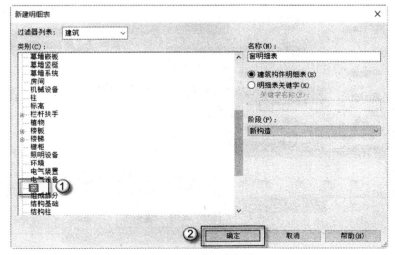

图 4-5　新建窗明细表

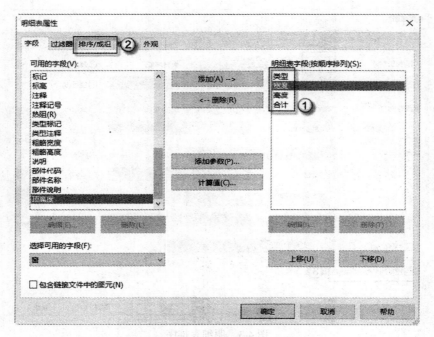

图 4-6　添加并排序可用字段

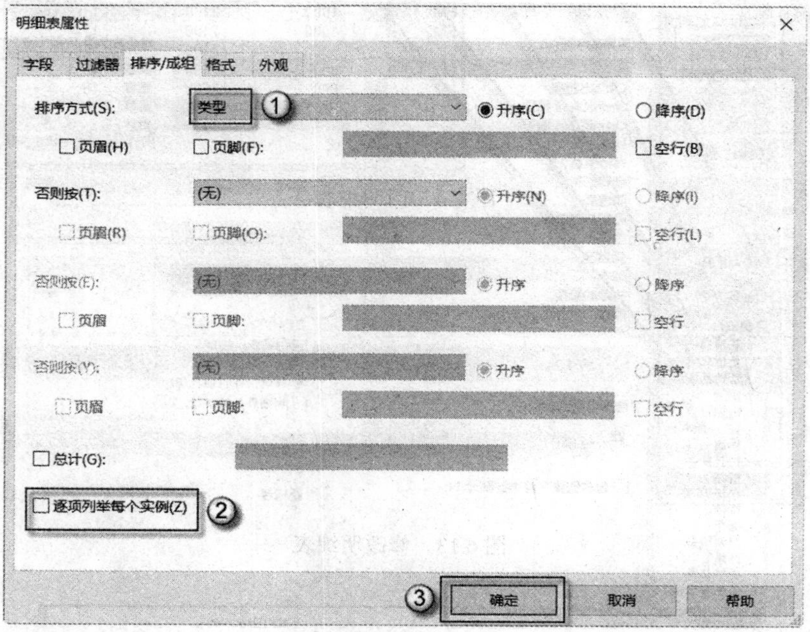

图 4-7　"排序/成组"选项卡

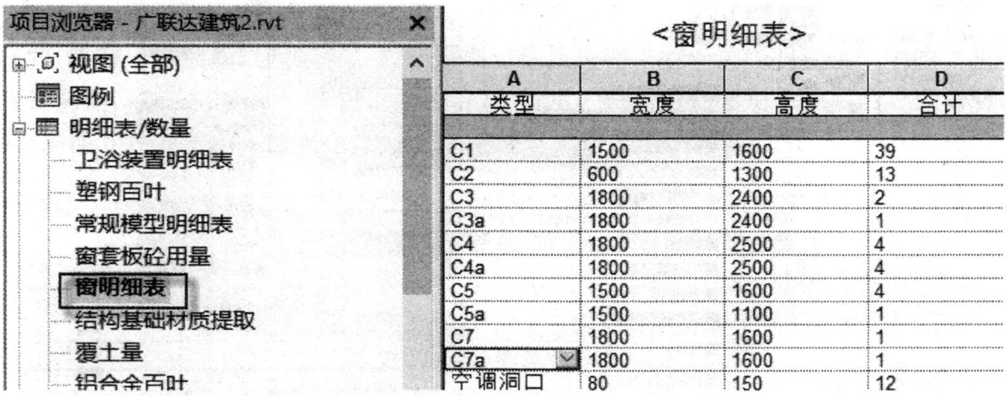

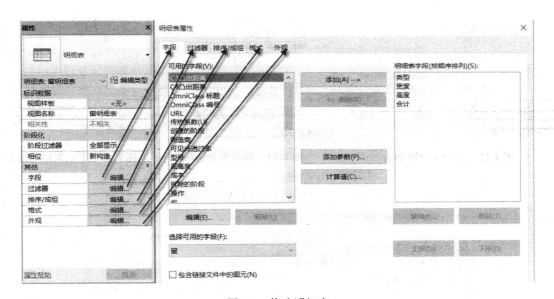

图 4-8 生成窗明细表

图 4-9 修改明细表

图 4-10 重命名视图

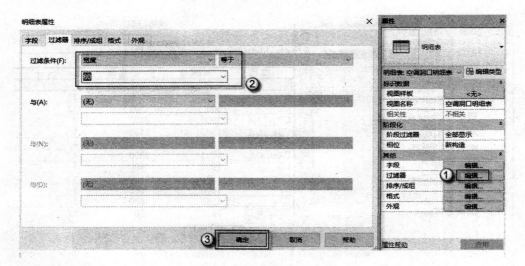

图 4-11　调整明细表参数

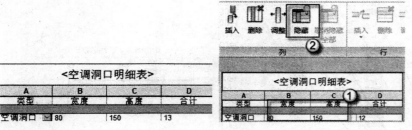

图 4-12　空调洞口明细表　　　　图 4-13　隐藏多余选项　　　　图 4-14　空调洞口明细表

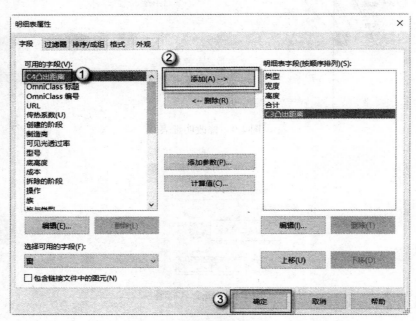

图 4-15　添加共享参数字段

<窗明细表>

类型	宽度	高度	C3凸出距离	C4凸出距离	合计
A	B	C	D	E	F
C1	1500	1600			39
C2	600	1300			13
C3	1800	2400	600		2
C3a	1800	2400	600		1
C4	1800	2500		600	4
C4a	1800	2500		600	4
C5	1500	1600			4
C5a	1500	1100			1
C7	1800	1600			1
C7a	1800	1600			1

图 4-16　飘窗凸出距离

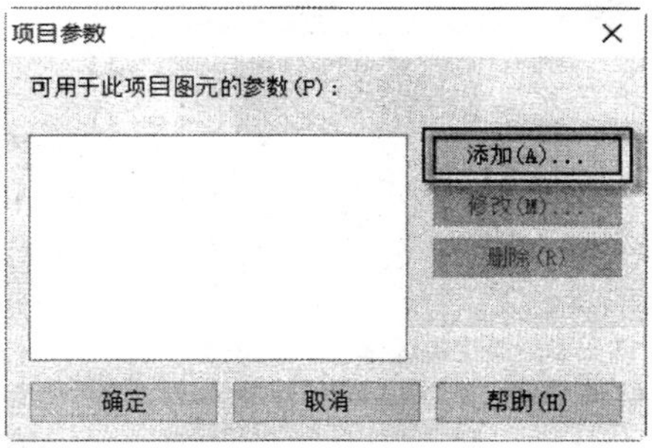

图 4-17　添加项目参数

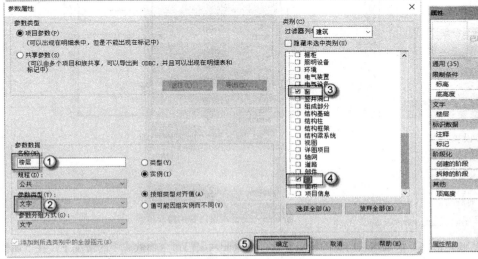

图 4-18　设置参数属性

图 4-19　设置六层
门窗的楼层参数

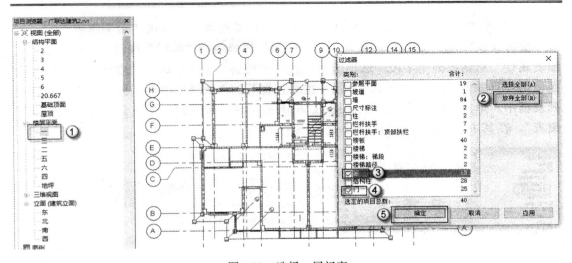

图 4-20　选择一层门窗

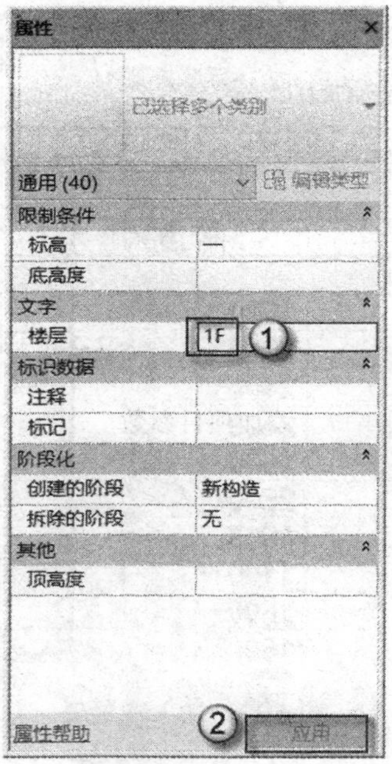

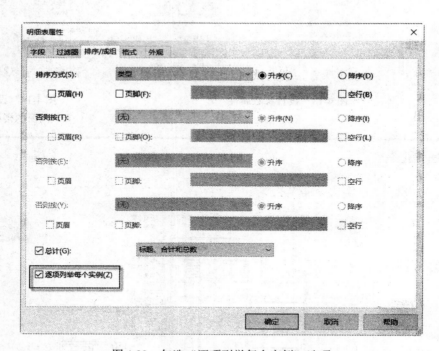

图 4-21 设置一层门窗的楼层参数

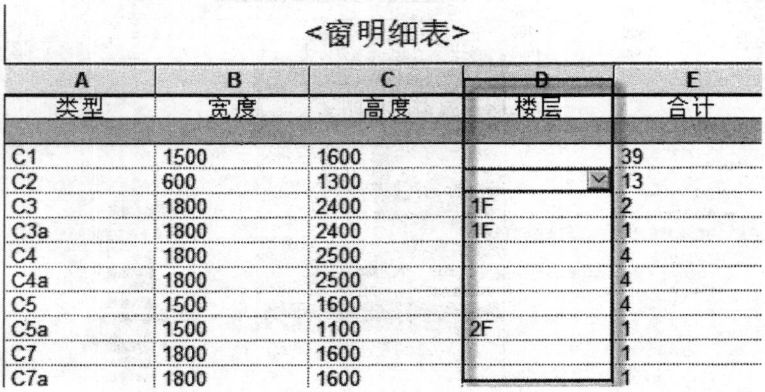

<窗明细表>

A	B	C	D	E
类型	宽度	高度	楼层	合计
C1	1500	1600		39
C2	600	1300		13
C3	1800	2400	1F	2
C3a	1800	2400	1F	1
C4	1800	2500		4
C4a	1800	2500		4
C5	1500	1600		4
C5a	1500	1100	2F	1
C7	1800	1600		1
C7a	1800	1600		1

图 4-22 加入楼层项

图 4-23 勾选“逐项列举每个实例”选项

<窗明细表>

类型	宽度	高度	楼层	合计
C1	1500	1600	1F	1
C1	1500	1600	1F	1
C1	1500	1600	1F	1
C1	1500	1600	1F	1
C1	1500	1600	1F	1
C1	1500	1600	1F	1
C1	1500	1600	3F	1
C1	1500	1600	3F	1
C1	1500	1600	1F	1
C1	1500	1600	1F	1
C1	1500	1600	1F	1
C1	1500	1600	3F	1
C1	1500	1600	3F	1
C1	1500	1600	3F	1
C1	1500	1600	4F	1
C1	1500	1600	4F	1
C1	1500	1600	4F	1
C1	1500	1600	4F	1
C1	1500	1600	4F	1
C1	1500	1600	6F	1
C1	1500	1600	6F	1
C1	1500	1600	6F	1
C1	1500	1600	6F	1
C1	1500	1600	1F	1
C1	1500	1600	1F	1
C1	1500	1600	1F	1
C1	1500	1600	5F	1
C1	1500	1600	5F	1
C1	1500	1600	5F	1
C1	1500	1600	5F	1
C1	1500	1600	5F	1
C1	1500	1600	5F	1
C2	600	1300	1F	1
C2	600	1300	1F	1
C2	600	1300	1F	1
C2	600	1300	3F	1

图 4-24　带楼层信息的"窗明细表"

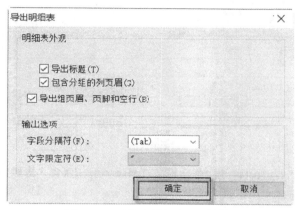

图 4-25　"导出明细表"对话框

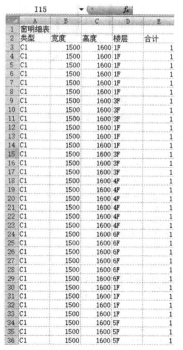

图 4-26　调用 Excel 打开文件

图 4-27　修改类别

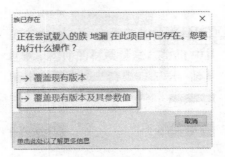

图 4-28　重新载入

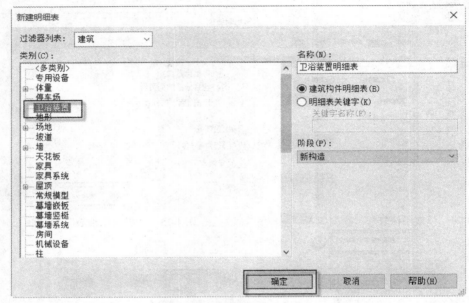

图 4-29　新建卫浴装置明细表

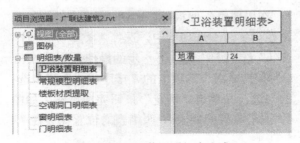

图 4-30　卫浴装置明细表生成

第二节　工程项目材料用量统计

以体积为单位的工程项目材料用量统计见表 4-2。

表 4-2 工程项目材料用量统计

类 别	内 容
垫层的混凝土用量	（1）进入阶梯式基础的族编辑模式。按〈F4〉键，进入三维视图，找到建筑底部的阶梯式基础，双击任意一个基础。由于阶梯式基础是一个族，因此双击后会进入族编辑模式 （2）设定混凝土垫层的相关参数。选择混凝土垫层，在"属性"面板中勾选"可见"选项，然后单击"材质"框。在弹出的"材质浏览器"对话框中设置"混凝土-垫层"材质，然后单击"确定"按钮，如图 4-31 所示 （3）重新载入阶梯式基础。在操作界面中，单击"载入到项目中"按钮，在弹出的"族已存在"对话框中选择"覆盖现有版本及其参数值"选项，如图 4-32 所示。这样就将已经修改的阶梯式基础族重新载入到项目文件中了，并且更新了各类参数。更新后的阶梯式基础图如图 4-33 所示，可以发现混凝土垫层已经显示出来了 （4）新建材质提取。选择"视图"→"明细表"→"材质提取"命令，在弹出的"新建材质提取"对话框中，设定"过滤器列表"为"结构"选项，选择"结构基础"类别，单击"确定"按钮 （5）添加可用字段。在弹出的"材质提取属性"对话框的"字段"栏中，选择"材质：名称""材质：体积"这两个字段，然后选择"过滤器"选项卡，进入下一步的操作，如图 4-34 所示 （6）设置过滤条件。在"过滤器"选项卡中设置"过滤条件"为"材质：名称""等于""混凝土-垫层"，并选择"排序/成组"选项卡，进入下一步操作 （7）调协排序方式。在"排序/成组"选项卡的"排序方式"栏中选择"材质：名称"选项，勾选"选项列举每个实例"选项，并单击"确定"按钮完成操作。此时可以观察到系统自动生成了"结构基础材质提取"明细表，如图 4-35 所示
覆土	（1）新建材质提取。选择"视图"→"明细表"→"材质提取"命令，在弹出的"新建材质提取"对话框中，设置"过滤器列表"为"建筑"选项，选择"楼板"类别，输入名称为"覆土量"，单击"确定"按钮 （2）添加可用字段。在弹出的"材质提取属性"对话框的"字段"栏中，选择"材质：名称""材质：体积"这两个字段，然后单击"过滤器"选项卡，进入下一步操作，如图 4-36 所示 （3）设置过滤条件。在"过滤器"选项卡中设置"过滤条件"为"材质：名称""等于""土壤"，然后选择"排序/成组"选项卡，进入下一步操作 （4）排序方式。在"排序方式"栏中选择"材质：名称"选项，然后勾选"逐项列举每个实例"选项，并单击"确定"按钮来完成操作。此时可以观察到系统自动生成了"覆土量"明细表，如图 4-37 所示
窗套板	窗的上下沿用于装饰的出挑板就是窗套板，其材质是钢筋混凝土，在算量时需要统计混凝土的体积，具体操作如下： （1）新建材质提取。选择"视图"→"明细表"→"材质提取"命令，在弹出的"新建材质提取"对话框中，设置"过滤器列表"为"建筑"选项，选择"窗"类别，输入名称为"窗套板砼用量"，单击"确定"按钮，如图 4-38 所示 （2）添加可用字段。在弹出的"材质提取属性"对话框的"字段"选项卡中，选择"材质：名称""材质：体积"这两个字段，然后选择"过滤器"选项卡，进入下一步操作 （3）设置过滤条件。在"过滤器"选项卡中设置"过滤条件"为"材质：名称""等于""混凝土-窗套用"，然后选择"排序/成组"选项卡，进入下一步操作 （4）设置排序方式。在"排序/成组"选项卡的"排序方式"栏中选择"材质：名称"选项，然后勾选"选项列举每个实例"选项，并单击"确定"按钮完成操作，此时可以观察到系统自动生成了"窗套板混凝土用量"明细表，如图 4-39 所示

（续）

类　别	内　容
雨篷的混凝土用量	（1）设定雨篷的相关参数。在屏幕上双击雨篷，进入雨篷族的编辑模式。选择雨篷，在"属性"面板中单击"材质"框，在弹出的"材质浏览器"对话框中设置"混凝土-雨篷"材质，然后单击"确定"按钮 （2）重新载入雨篷表。在操作界面中，单击"载入到项目中"按钮，在弹出的"族已存在"对话框中选择"覆盖现有版本及其数值"选项，如图4-40所示。这样就将已经修改的阶梯式基础族重新载入项目文件中了，并且更新了各类参数 （3）新建材质提取。选择"视图"→"明细表"→"材质提取"命令，在弹出的"新建材质提取"对话框中，设定"过滤器列表"为"建筑"选项，选择"常规模型"类别，输入名称为"雨篷砼用量"，然后单击"确定"按钮，如图4-41所示 （4）添加可用字段。在弹出的"材质提取属性"对话框的"字段"选项卡中，选择"材质：名称""材质：体积"这两个字段，然后再选择"过滤器"选项卡，进入下一步操作，如图4-42所示 （5）设置过滤条件。在"过滤器"选项卡中设置"过滤条件"为"材质：名称""等于""混凝土-雨篷"，并选择"排序/成组"选项卡，进入下一步操作 （6）设置排序方式。在"排序/成组"选项卡的"排序方式"栏中选择"材质：名称"选项，勾选"逐项列举每个实例"选项，并单击"确定"按钮完成操作。此时可以观察到系统自动生成了"雨篷混凝土用量"明细表
飘窗板	（1）新建材质提取。选择"视图"→"明细表"→"材质提取"命令，在弹出的"新建材质提取"对话框中，设置"过滤器列表"为"建筑"选项，选择"窗"类别，输入名称为"飘窗板砼用量"，单击"确定"按钮，如图4-43所示 （2）添加可用字段。在弹出的"材质提取属性"对话框的"字段"栏中，选择"材质：名称""材质：体积"这两个字段，然后选择"过滤器"选项卡，进入下一步操作，如图4-44所示 （3）设置过滤条件。在"过滤器"选项卡中设置"过滤条件"为"材质：名称""包含""混凝土"和"材质：名称""不等于""混凝土-窗套用"两项，然后选择"排序/成组"选项卡，进入下一步操作 （4）排序方式。在"排序/成组"选项卡的"排序方式"栏中选择"材质：名称"选项，勾选"逐项列举每个实例"选项，并单击"确定"按钮完成操作，如图4-45所示。此时可以观察到系统自动生成了"飘窗板混凝土用量"明细表，如图4-46所示

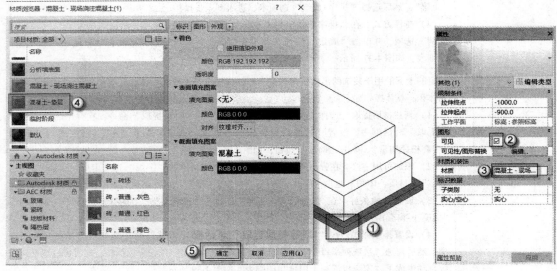

图 4-31　设置垫层材质与可见性

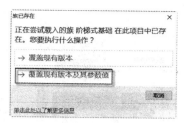

图 4-32 更新族参数（阶梯式基础族）

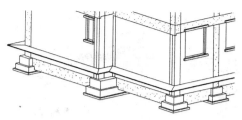

图 4-33 重新载入阶梯式基础

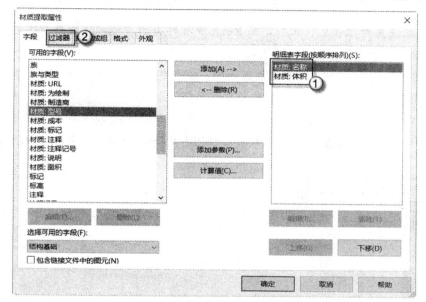

图 4-34 添加可用字段（结构基础材质）

<结构基础材质提取>

A	B
材质:名称	材质:体积
混凝土-垫层	0.14 m²
混凝土-垫层	0.14 m²
混凝土-垫层	0.14 m²
混凝土-垫层	0.14 m²
混凝土-垫层	0.14 m²
混凝土-垫层	0.14 m²
混凝土-垫层	0.14 m²
混凝土-垫层	0.14 m²
混凝土-垫层	0.16 m²
混凝土-垫层	0.16 m²
混凝土-垫层	0.16 m²
混凝土-垫层	0.16 m²
混凝土-垫层	0.31 m²
混凝土-垫层	0.14 m²
混凝土-垫层	0.14 m²
混凝土-垫层	0.14 m²
混凝土-垫层	0.14 m²
混凝土-垫层	0.14 m²
混凝土-垫层	0.16 m²
混凝土-垫层	0.16 m²
混凝土-垫层	0.16 m²
混凝土-垫层	0.16 m²
混凝土-垫层	0.31 m²

图 4-35 "结构基础
材质提取"明细表

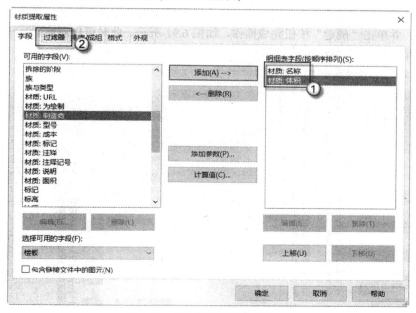

图 4-36 添加可用字段（覆土）

<覆土量>

A	B
材质:名称	材质:体积
土壤	3.91 m²
土壤	2.04 m²
土壤	6.86 m²
土壤	11.02 m²
土壤	5.52 m²
土壤	14.67 m²
土壤	32.46 m²
土壤	18.51 m²
土壤	3.93 m²
土壤	2.04 m²
土壤	6.86 m²
土壤	11.02 m²
土壤	5.52 m²
土壤	14.67 m²
土壤	32.43 m²
土壤	18.51 m²
土壤	4.02 m²

图 4-37　"覆土量"明细表

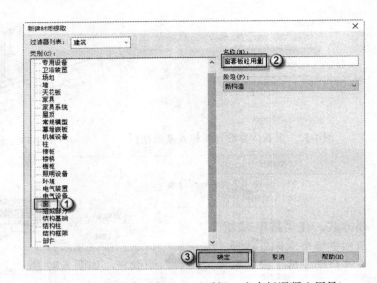

图 4-38　"新建材质提取"对话框（窗套板混凝土用量）

〈窗套板混凝土用量〉

A	B
材质:名称	材质:体积
混凝土-窗套用	0.03 m²
混凝土-窗套用	0.03 m²
混凝土-窗套用	0.02 m²
混凝土-窗套用	0.03 m²
混凝土-窗套用	0.03 m²
混凝土-窗套用	0.02 m²
混凝土-窗套用	0.03 m²
混凝土-窗套用	0.03 m²
混凝土-窗套用	0.02 m²
混凝土-窗套用	0.03 m²
混凝土-窗套用	0.03 m²
混凝土-窗套用	0.02 m²
混凝土-窗套用	0.03 m²
混凝土-窗套用	0.03 m²
混凝土-窗套用	0.02 m²
混凝土-窗套用	0.03 m²
混凝土-窗套用	0.03 m²
混凝土-窗套用	0.02 m²
混凝土-窗套用	0.03 m²
混凝土-窗套用	0.03 m²
混凝土-窗套用	0.02 m²
混凝土-窗套用	0.03 m²
混凝土-窗套用	0.03 m²
混凝土-窗套用	0.03 m²
混凝土-窗套用	0.02 m²
混凝土-窗套用	0.03 m²
混凝土-窗套用	0.03 m²
混凝土-窗套用	0.03 m²
混凝土-窗套用	0.02 m²
混凝土-窗套用	0.03 m²
混凝土-窗套用	0.03 m²
混凝土-窗套用	0.01 m²
混凝土-窗套用	0.02 m²

图 4-39　"窗套板混凝土用量"明细表

图 4-40　重新载入雨篷族

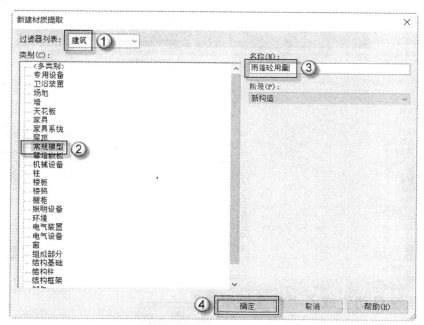

图 4-41 "新建材质提取"对话框(雨篷混凝土用量)

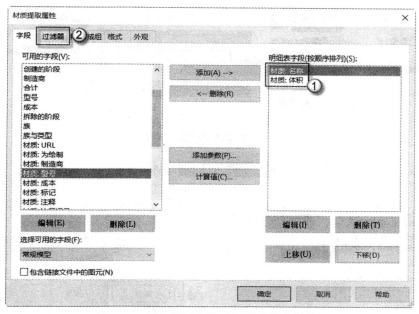

图 4-42 添加可用字段(雨篷混凝土用量)

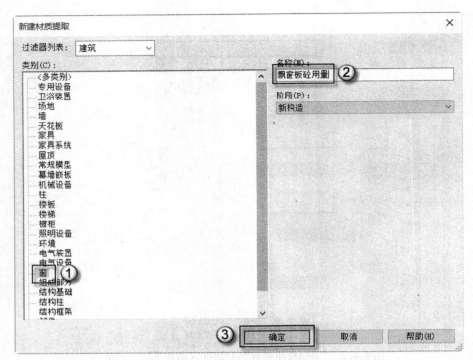

图 4-43 "新建材质提取"对话框（飘窗板混凝土用量）

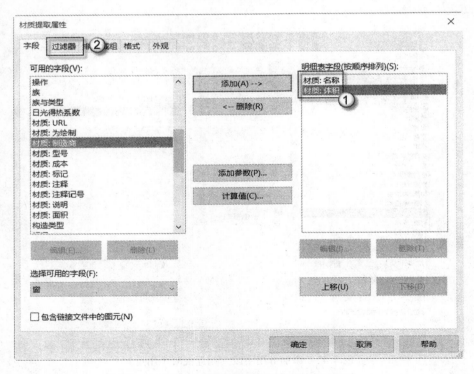

图 4-44 添加可用字段（飘窗板混凝土用量）

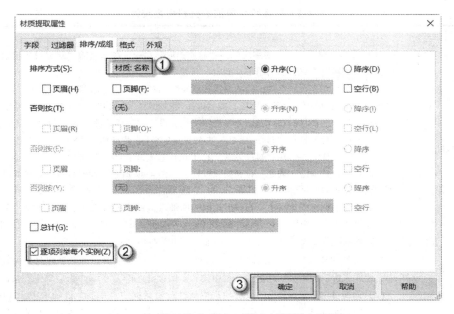

图 4-45　设置排序方式（飘窗板混凝土用量）

〈飘窗板混凝土用量〉

A	B
材质:名称	材质:体积
混凝土-飘窗竖板	0.10 m³
混凝土-飘窗竖板	0.10 m³
混凝土-飘窗竖板	0.11 m³
混凝土-飘窗竖板	0.10 m³
混凝土-飘窗竖板	0.11 m³
混凝土-飘窗竖板	0.11 m³
混凝土-飘窗竖板	0.11 m³
混凝土-飘窗竖板	0.11 m³
混凝土-飘窗竖板	0.11 m³
混凝土-飘窗竖板	0.11 m³
混凝土-飘窗竖板	0.11 m³
混凝土-飘窗下板	0.19 m³
混凝土-飘窗下板	0.19 m³
混凝土-飘窗下板	0.19 m³
混凝土-飘窗下板	0.19 m³
混凝土-飘窗下板	0.19 m³
混凝土-飘窗下板	0.19 m³
混凝土-飘窗下板	0.19 m³
混凝土-飘窗下板	0.19 m³
混凝土-飘窗下板	0.19 m³
混凝土-飘窗上板	0.19 m³
混凝土-飘窗上板	0.19 m³
混凝土-飘窗上板	0.19 m³
混凝土-飘窗上板	0.19 m³
混凝土-飘窗上板	0.19 m³
混凝土-飘窗上板	0.19 m³
混凝土-飘窗上板	0.19 m³
混凝土-飘窗上板	0.19 m³
混凝土-飘窗上板	0.19 m³

第三节　材质提取

　　材质提取明细表中列出了所有 Revit 族的子构件或材质，它具有其他明细表视图的所有功能和特征，但能更详细地显示构件的材质信息。Revit 中构件的任何材质都可以显示在明细表中。这个功能常用于统计工程项目中材料的面积、体积，但是目前还无法统计材料的长度。

　　以面积为单位的材料用量统计表见表 4-3。

图 4-46　"飘窗板混凝土用量"明细表

表 4-3　以面积为单位的材料用量统计

类　别	内　容
塑钢百叶	（1）选择"视图"→"明细表"→"材质提取"命令，在弹出的"新建材质提取"对话框中，选择"窗"类别，然后单击"确定"按钮 （2）添加可用字段。在弹出的"材质提取属性"对话框的"字段"选项卡中，选择"材质：名称""材质：面积"这两个字段，然后选择"过滤器"选项卡，进入下一步的操作 （3）设置过滤条件。在"过滤器"选项卡中，设置"过滤条件"为"材质：名称""等于""塑钢百叶"，然后选择"排序/成组"选项卡，准备下一步操作 （4）设置排序方式。在"排序方式"栏中选择"材质：名称"选项，勾选"逐项列举每个实例"选项，并单击"确定"按钮完成操作，如图 4-47 所示。此时可以观察到系统自动生成了"窗材质提取"明细表 （5）重命名明细表。右击"窗材质提取"明细表，在弹出的快捷菜单中选择"重命名"命令，弹出"重命名视图"对话框，在其中输入"塑钢百叶"，然后单击"确定"按钮。此时可以观察到系统即生成了"塑钢百叶"明细表，如图 4-48 所示
铝合金百叶	（1）选择"视图"→"明细表"→"材质提取"命令，在弹出的"新建材质提取"对话框中，选择"窗"类别，在"名称"栏中输入"铝合金百叶"，然后单击"确定"按钮 （2）添加可用字。在弹出的"材质提取属性"对话框的"字段"选项卡中，选择"材质：名称""材质：面积"这两个字段，然后选择"过滤器"选项卡，进入下一步的操作，如图 4-49 所示 （3）设置过滤条件。在"过滤器"选项卡中设置"过滤条件"为"材质：名称""等于""铝合金百叶"，并选择"排序/成组"选项卡，准备下一步操作 （4）设置排序方式。在"排序成组"选项卡的"排序方式"栏中选择"材质：名称"选项，勾选"逐项列举每个实例"选项，并单击"确定"按钮完成操作。此时可以观察到系统自动生成了"铝合金百叶"明细表，如图 4-50 所示

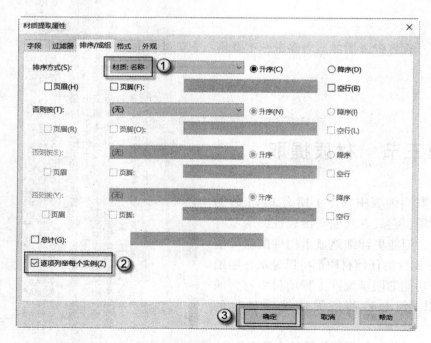

图 4-47　设置排序方式（塑钢百叶）

<塑钢百叶>

A	B
材质: 名称	材质: 面积
塑钢百叶	0 m²
塑钢百叶	0 m²
塑钢百叶	0 m²
塑钢百叶	0 m²
塑钢百叶	4 m²
塑钢百叶	4 m²
塑钢百叶	0 m²
塑钢百叶	0 m²
塑钢百叶	5 m²
塑钢百叶	5 m²
塑钢百叶	5 m²
塑钢百叶	5 m²

图 4-48 塑钢百叶

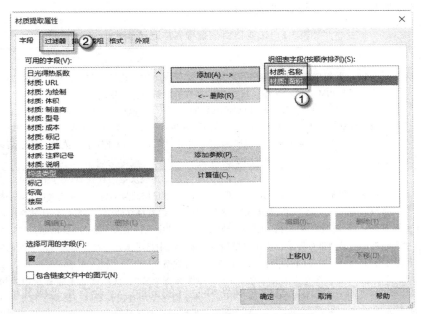

图 4-49 添加可用字段（铝合金百叶）

<铝合金百叶>

A	B
材质: 名称	材质: 面积
铝合金百叶	3 m²
铝合金百叶	3 m²
铝合金百叶	4 m²
铝合金百叶	3 m²
铝合金百叶	4 m²
铝合金百叶	4 m²
铝合金百叶	4 m²
铝合金百叶	4 m²
铝合金百叶	4 m²
铝合金百叶	4 m²
铝合金百叶	4 m²

图 4-50 "铝合金百叶"明细表

第五章　广联达算量及计价

第一节　工程项目模型导入广联达模式

工程项目模型导入广联达模式见表 5-1。

表 5-1　工程项目模型导入广联达模式

类　　别	内　　容
安装插件	（1）下载 GFC 插件。在"广联达 G + 工作台"中，选择"软件管家"模块，在"软件下载"下选择"BIM 算量"选项，找到 GFC 插件的最新版本，并下载 （2）安装 GFC 插件。打开已经下载的 GFC 插件，根据安装向导安装即可，如图 5-1 所示。安装完成后，双击桌面上的 Revit 图标，启动 Revit 软件。安装 GFC 插件后，在 Revit 的菜单栏中会多出一项"广联达 BIM 算量"菜单。单击"广联达 BIM 算量"菜单，其子菜单中包含"导出 GFC"文件等选项，如图 5-2 所示
导出 GFC 文件	（1）模型检查。随着 GFC 插件的不断完善，其他从第一代仅有"导出 GFC"选项，发展到最新的版本包含"导出 GFC""模型检查""批量修改族名称""规范文档"4 个模块。起初的"模型检查"是在 GFC 交互文件导入广联达土建算量软件中，再在广联达软件中进行"合法检查"。而新版本的插件，可以直接在 Revit 软件中进行检查，如图 5-3 所示。可以根据楼层、检查类别等项进行排查，并在"模型检查报告"中显示图元问题，部分可以智能修复，不能修复的部分可在 Revit 软件或广联达软件中进行调整 （2）批量修改族名称。在 Revit 中构件称为"族"，而广联达土建算量中的构件称为"图元"。由于不同软件的构件命名不同，会使构件类别有很大不同，影响了算量结果。为了让构件归属类型精确，保证工程量的精准，根据《广联达算量模型与 Revit 土建三维设计模型建模交互规范》，需要将 Revit 中族的命名与 GCL 构件类型命名相匹配。在本例中，模型基础是独立基础，如果按照 Revit 模型命名为 J1、J2、J3、J4，则在广联达算量软件中构件类型显示为筏板基础；而根据交互规范，须将独立基础命名为 DJ，而 J1 就重命名为 DJ1，如图 5-4 所示，构件名称会自动显示为独立基础 （3）导出 GFC 交互文件。在 Revit 菜单栏中选择"广联达 BIM 算量"→"GFC"命令，在弹出的"导出 GFC-楼层转化"对话框中，选择需要导出的楼层，并勾选"导出"复选框，然后单击"下一步"按钮。根据需要，勾选出需要导出的构件复选框，单击"导出"按钮，如图 5-5 所示。导出完成后，单击"确定"按钮，GFC 转换文件导出完成
对模型的检查与调整	（1）导入 GFC 文件。打开广联达 BIM 土建算量软件，选择"新建工程"命令，弹出工程对话框，在其中选择"清单规则和定额规则"，依次单击"下一步"和"完成"按钮，完成新建工程。在"模块导航栏"面板中选择"绘图输入"模块，进入绘图界面。在菜单栏中选择"BIM 应用"→"导入 Revit 交换文件"→"单文件导入"命令，在弹出的"GFC 文件导入向导"对话框中，选择需要导入的 GFC 文件，可以按照需求勾选相应楼层、构件类别及导入设置的复选框，如图 5-6 所示

（续）

类　别	内　容
对模型的检查与调整	（2）模型导入错误。根据工程选择楼层、构件后，单击"下一步"按钮，软件将自动导入构件。若在 Revit 中定义的构件与广联达软件有原则冲突，则模型将无法导入，如图 5-7 所示 （3）错误检查。在模型自动导入的时候，观察模型是在导入哪部分构件的时候出现了问题。若是影响模型完整性，可在 Revit 中进行修改；若不影响模型完整性（影响算量），可在导入软件时将有问题的构件去掉 （4）导入完成。修改完成后，模型将继续自动导入，如图 5-8 所示。而本工程是将建筑模型与结构模型同时导入广联达算量软件，可根据需要分开导入 当模型导入广联达算量软件中后，理论上即可进行算量汇总，这也是广联达公司自主研发与其他软件对接接口的目的——高效、精确算量，避免二次重复建模 实际上，模型能成功导入软件和在软件中能否成功算量是两回事，而能否正确算量才是最重要的环节。所以模型导入后，应检查能否算量，如若不能，还需在广联达软件中调整模型。确定是否能正确进行算量的方法，就是使用"汇总计算"命令检验其合法性 （5）检验合法性。在操作界面中，单击"汇总计算"按钮，在弹出的"确定执行计算汇总"对话框中，依次单击"全选"和"确定"按钮，进行合法性检验，如图 5-9 所示 根据汇总计算结果显示，本工程不能直接进行算量汇总，在弹出的错误提示对话框中，显示模型中某些构件不符合计算规则，如图 5-10 所示。此时，需要在广联达软件中，根据交互规范和算量计算规则对模型进行具体调整，这部分内容将在后面的内容中详细介绍

图 5-1　安装 GFC 插件

图 5-2　在 Revit 软件中的 GFC 插件表现形式

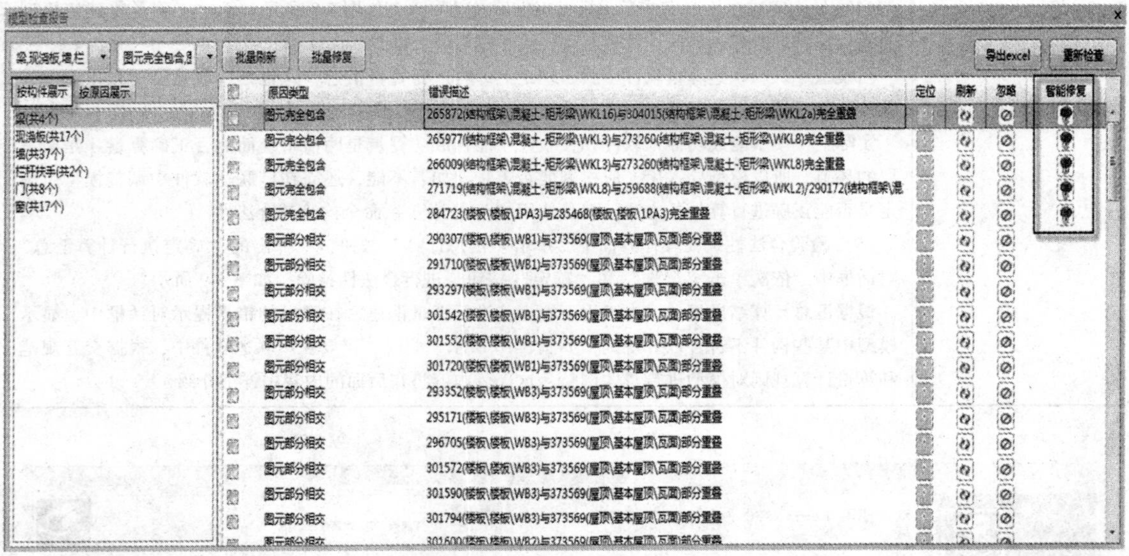

图 5-3　模型检查

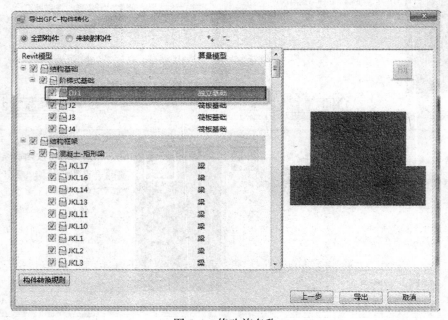

图 5-4　修改族名称

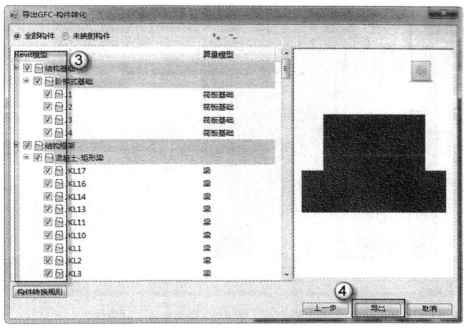

图 5-5　选择导出构件

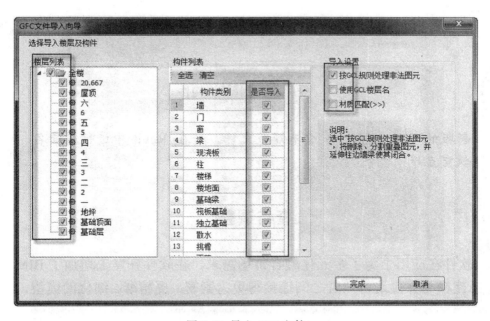

图 5-6　导入 GFC 文件

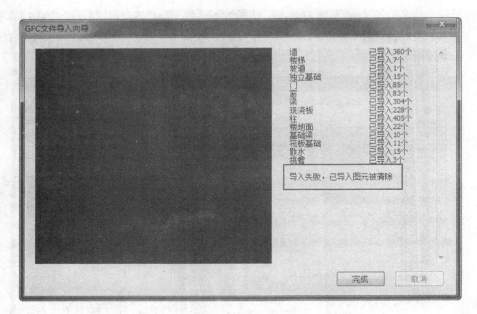

图 5-7　模型导入错误

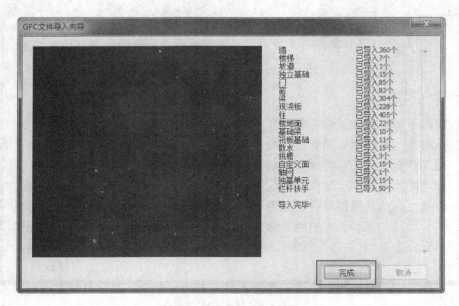

图 5-8　完成模型导入

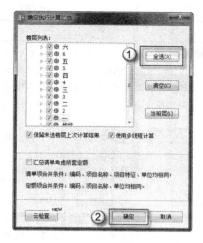
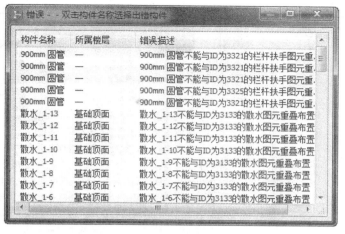

图 5-9 汇总计算	图 5-10 不符合计算规则的构件

第二节 基于 BIM 基础工程量计算

一、基础及垫层工程量计算

基础及垫层工程量计算见表 5-2[○]。

基础及垫层工程量计算见表 5-2[○]。

表 5-2 基础及垫层工程量计算

类　别	内　容
基础	（1）独立基础 JC1 基础的选取。首先在显示栏中将当前层切换为"基础层"，然后在"模块导航栏"中进入"绘图输入"模块，选择"基础"→"独立基础"选项，进入独立基础的定义界面，在"构件名称"中单击需要定义的独立基础"（异形）JC1" （2）独立基础 JC1 清单计算规则的选择。在完成独立基础 JC1 的选取后，可在"属性编辑框"面板中看到独立基础 JCl 的有关数据。由图纸可知，独立基础 JC1 应该选择编码 010401002 的"独立基础"清单项，其计算规则为按设计图示尺寸以体积计算，不扣除伸入承台基础的桩头所占体积 （3）独立基础 JC1 定额计算规则的选择。在"属性编辑框"面板中可以看到独立基础 JC1 的材质为现浇混凝土，强度等级为 C30。所以应该选择编号为 A3-5 的"现场搅拌混凝土构件　基础　独立基础 C20"定额项，其计算规则为：基础与墙、柱的划分，均以基础扩大顶面为界；基础侧边弧形增加费按弧形接触面长度计算，每个面计算一道。在"属性编辑框"面板中可以看到独立基础 JC1 的模板类型为九夹板模板／木支撑，所以独立基础 JC1 的模板定额计算规则，应该选择编码为 A9-17 的"独立基础　钢筋混凝土　九夹板模板　木支撑"，其计算规则为：现浇混凝土及钢筋混凝土模板工程量除另有规定者外，均应区别模板的不同材质，按混凝土与模板接触面的面积，以平方米计算 （4）独立基础 JC1 清单计算规则的套用。选择"添加清单"选项，在广联达软件界面出现空白清单项后，再选择"查询匹配清单"选项，然后双击"独立基础"清单项，完成独立基础 JC1 清单计算规则的套用，如图 5-11 所示

○ 本书中的项目编码因软件版本不同与 2013 年工程量清单计价系列规范中的项目编码略有不同，实际工作中请参考当前清单计价规范。

（续）

类　别	内　容
基础	（5）独立基础 JC1 定额计算规则的套用。选择单击"添加定额"→"查询匹配定额"选项，然后双击定额的相应编码，进行定额的套用，如图 5-12 所示。因为在本工程中的独立基础 JC1 混凝土强度等级为 C30，而定额计算规则中只有混凝土强度等级为 C20 的做法，所以在此需要进行定额的换算。选中定额的项目名称，单击▣按钮，在弹出"编辑名称规格"窗口后，将混凝土强度等级 C20 改为 C30，然后单击"确定"按钮，完成梁 KL1 定额清单规则的套用 （6）独立基础 JC2 的选取。在"模块导航栏"中进入"绘图输入"模块，选择"基础"→"独立基础"选项，进入独立基础的定义界面，在"构件名称"中单击需要定义的独立基础"（异形）JC2" （7）独立基础 JC2 清单、定额计算规则的选择。在完成独立基础 JC2 的选取后，可在"属性编辑框"面板中看到独立基础 JC2 的有关数据。分析图纸可知独立基础 JC2 的属性与独立基础 JC1 完全相同，所以在清单计算规则和定额计算规则的选择上与独立基础 JC1 相同 （8）独立基础 JC2 清单计算规则的套用。选择"添加清单"选项，在广联达软件界面出现空白清单项后，再选择"查询匹配清单"选项，然后双击"独立基础"清单项，完成独立基础 JC2 清单计算规则的套用，如图 5-13 所示 （9）独立基础 JC2 定额计算规则的套用。选择"添加定额"→"查询匹配定额"选项，然后双击定额的相应编码，进行定额的套用，如图 5-14 所示。因为在本工程中的独立基础 JC2 混凝土强度等级为 C30，而定额计算规则中只有混凝土强度等级为 C20 的做法，所以在此需要进行定额的换算。选中定额的项目名称，单击▣按钮，在弹出"编辑名称规格"窗口后，将混凝土强度等级 C20 改为 C30 后，单击"确定"按钮，完成梁 KL1 定额清单规则的套用 （10）独立基础 JC22 的选取。在"模块导航栏"中进入"绘图输入"模块，选择"基础"→"独立基础"选项，进入独立基础的定义界面，在"构件名称"中单击需要定义的独立基础"（异形）JC22" （11）独立基础 JC22 清单、定额计算规则的选择。在完成独立基础 JC22 的选取后，可在"属性编辑框"面板中看到独立基础 JC22 的有关数据 分析图纸可知，独立基础 JC22 的属性与独立基础 JC1 完全相同，所以在清单计算规则和定额计算规则的选择上与独立基础 JC1 相同 （12）独立基础 JC22 清单计算规则的套用。选择"添加清单"选项，在广联达软件界面出现空白清单项后，再选择"查询匹配清单"选项，然后双击"独立基础"清单项，完成独立基础 JC22 清单计算规则的套用，如图 5-15 所示 （13）独立基础 JC22 定额计算规则的套用。选择"添加定额"→"查询匹配定额"选项，然后双击定额的相应编码，进行定额的套用，如图 5-16 所示。因为在本工程中的独立基础 JC22 混凝土强度等级为 C30，而定额计算规则中只有混凝土强度等级为 C20 的做法，所以在此需要进行定额的换算。选中定额的项目名称，单击囵按钮，在弹出"编辑名称规格"窗口后，将混凝土强度等级 C20 改为 C30 后，单击"确定"按钮，完成梁 KL1 定额清单规则的套用，如图 5-17 所示 （14）基础的工程量计算。完成基础层所有基础清单计算规则和定额计算规则的套用及调整后，单击"汇总计算"按钮，弹出"确定执行计算汇总"对话框，然后单击"当前层"按钮，再单击"确定"按钮，如图 5-18 所示。在完成计算汇总后，单击"保存并计算指标"按钮，完成基础的工程量计算
垫层	（1）垫层的选取。在基础层的"模块导航栏"中进入"绘图输入"模块，选择"基础"→"垫层"选项，进入垫层的定义界面，在"构件名称"中单击需要定义的垫层：DC-1，如图 5-19 所示 （2）垫层 DC-1 清单计算规则的选择。在完成垫层 DC-1 的选取后，垫层 DC-1 清单计算规则应该选择编码为 010401006 的"垫层"清单项，其计算规则为按设计图示尺寸以体积计算，不扣除构件内钢筋、预埋铁件和伸入承台基础的桩头所占体积 （3）垫层 DC-1 定额计算规则的选择。在垫层 DC-1 的"属性编辑框"面板中可以看到，垫层 DC-1 的材质为现浇混凝土；混凝土类型为碎石混凝土；模板类型为木模板、木支撑，所有垫层 DC-1 混凝土工程定额计算规则应该选择编码为 A3-11 的"现场搅拌混凝土构件　基础　基础垫层　C10"定额项，模板及支撑工程定额计算规则应该选择编码为 A9-30 的"混凝土基础垫层　木模板　木支撑"定额项

（续）

类　别	内　容
垫层	（4）垫层 DC-1 清单计算规则的套用。单击"添加清单"按钮，在广联达软件界面出现空白清单项后，单击"查询匹配清单"按钮，再双击"垫层"清单项，完成垫层 DC-1 清单计算规则的套用，如图 5-20 所示 （5）垫层 DC-1 定额计算规则的套用。依次单击"添加定额"和"查询匹配定额"按钮，然后双击定额的相应编码，进行定额的套用，如图 5-21 所示 （6）垫层的工程量计算。完成基础层垫层清单计算规则和定额计算规则的套用及调整后，单击"汇总计算"按钮，弹出"确定执行计算汇总"对话框，然后单击"当前层"按钮，再单击"确定"按钮，如图 5-22 所示。在完成计算汇总后，单击"保存并计算指标"按钮，完成垫层的工程量计算

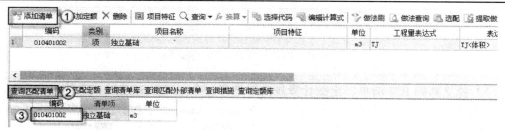

图 5-11　独立基础 JC1 的清单套用

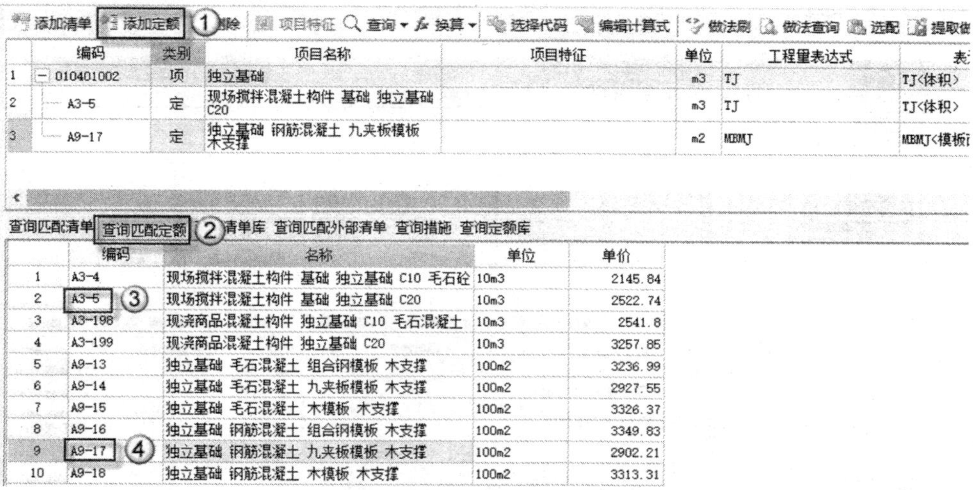

图 5-12　独立基础 JC1 的定额套用

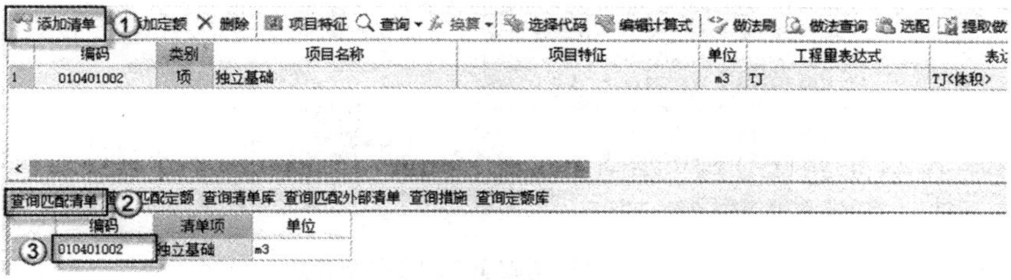

图 5-13　独立基础 JC2 的清单套用

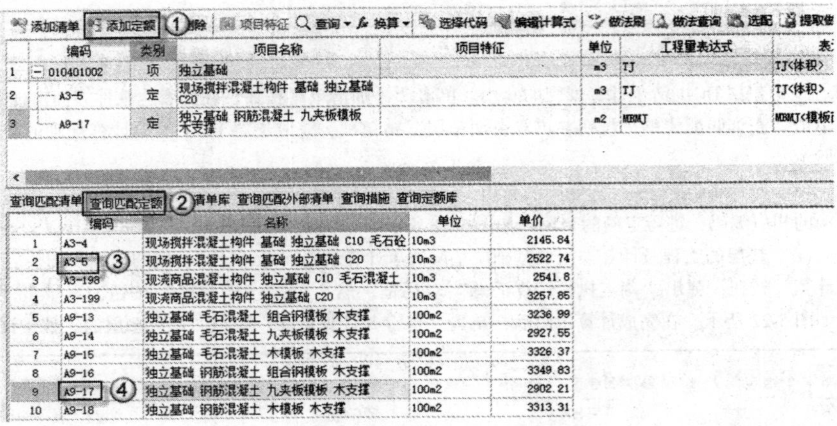

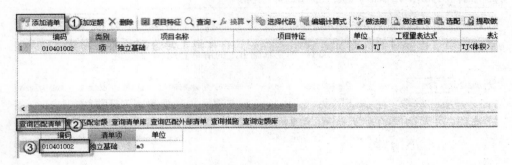

图 5-14　独立基础 JC2 的定额套用

图 5-15　独立基础 JC22 清单的套用

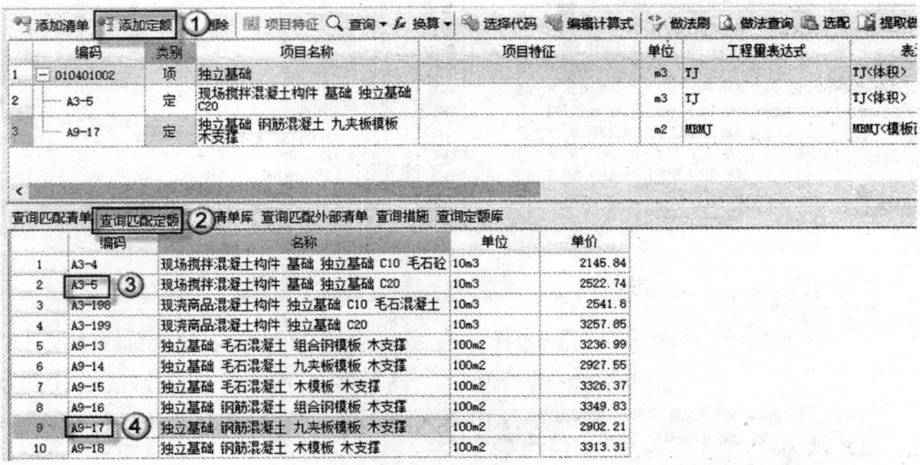

图 5-16　独立基础 JC22 的定额套用

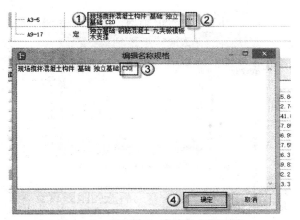

图 5-17 独立基础 JC22 的定额换算

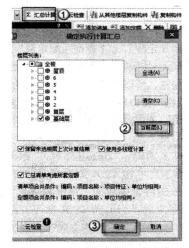

图 5-18 基础的工程量计算

图 5-19 垫层的选取

图 5-20 垫层 DC-1 清单计算规则的套用

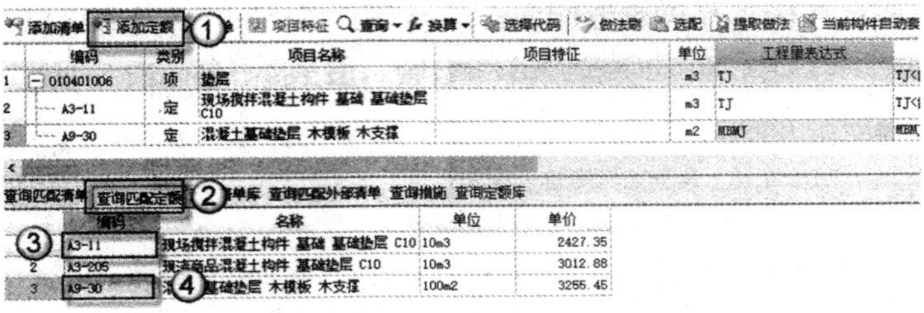

图 5-21 垫层 DC-1 定额计算规则的套用

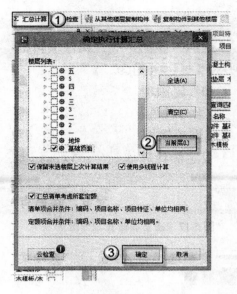

图 5-22 垫层的工程量计算

二、基础梁工程量计算

基础梁是指连接基础的框架梁，其计算方法与地上部分的框架梁计算类似，也是清单规则的选取与套用。具体操作见表 5-3。

表 5-3 基础梁工程量计算

类 别	内 容
基础梁选取	（1）基础梁 JL1 的选取。在"模块导航栏"中进入"绘图输入"模块，选择"基础"→"基础梁"选项，进入基础梁的定义界面，在"构件名称"中单击需要定义的基础梁"JL1"，如图 5-23 所示 （2）基础梁 JL1 清单计算规则的选择。在完成基础梁 JL1 的选取后，可在"属性编辑框"面板中看到基础梁 JL1 的有关数据，如图 5-24 所示。由图纸可知，基础梁 JL1 应该选择编码 010403001 的"基础梁"清单项，其计算规则为：按设计图示尺寸以体积计算，不扣除构件内钢筋、预埋铁件所占体积，伸入墙头的梁头、梁垫并入梁体积内；型钢混凝土梁扣除构件内型钢所占体积。其中梁长的计算规则为梁与柱连接时，梁长算至柱侧面；主梁与次梁连接时，次梁长算至主梁侧面 （3）基础梁 JL1 定额计算规则的选择。在"属性编辑框"面板中可以看到基础梁 JL1 的材质为现浇混凝土，混凝土强度等级为 C25，如图 5-24 所示。所以应该选择编号为 A3-27 的"现场搅拌混凝土构件 梁 基础梁 C20"定额项，其计算规则为按照图示，断面尺寸乘以梁长以体积计算。梁长按规定确定，当梁与柱连接时，梁长算至柱的侧面；当主梁与次梁连接时，次梁长算至主梁的侧面。在"属性编辑框"面板中可以看到基础梁 JL1 的模板类型为九夹板模板，所以基础梁 JL1 的模板定额计算规则，可以选择编号为 A9-62 的"基础梁 九夹板模板 钢支撑"定额项，或编号为 A9-63 的"基础梁 九夹板模板 木支撑"定额项。其计算规则为：现浇混凝土及钢筋混凝土模板工程量，除另有规定者外，均应区别模板的不同材质，按混凝土与模板接触面的面积，以平方米计算
清单计算规则套用	（1）基础梁 JL1 清单计算规则的套用。单击"添加清单"按钮，在广联达软件界面出现空白清单项后，单击"查询匹配清单"按钮，再双击"基础梁"清单项，完成基础梁 JL1 清单计算规则的套用

（续）

类　别	内　容
清单计算规则套用	（2）基础梁 JL1 定额计算规则的套用。依次单击"添加定额"和"查询匹配定额"按钮，然后双击定额的相应编码，进行定额的套用，如图 5-25 所示。因为在本工程中梁的混凝土强度等级为 C25，而定额计算规则中只有混凝土强度等级为 C20 的做法，所以在此需要进行定额的换算。选中定额的项目名称，单击▨按钮，弹出"编辑名称规格"窗口，将混凝土强度等级 C20 改为 C25 后，单击"确定"按钮，完成基础梁 JL1 定额清单规则的套用，如图 5-26 所示 （3）基础梁 JL2 的选取。在"模块导航栏"中进入"绘图输入"模块，选择"基础"→"基础梁"选项，进入基础梁的定义界面，在"构件名称"中单击需要定义的基础梁 JL2 （4）基础梁 JL2 清单、定额计算规则的选择。在完成基础梁 JL2 的选取后，可在"属性编辑框"面板中看到基础梁 JL2 的有关数据。分析图纸可知，基础梁 JL2 的属性与基础梁 JL1 相同，所以在清单计算规则和定额计算规则的选择上与基础梁 JL1 相同 （5）基础梁 JL2 清单计算规则的套用。选择"添加清单"选项，在广联达软件界面出现空白清单项后，选择"查询匹配清单"命令，再双击"基础梁"清单项，完成基础梁 JL2 清单计算规则的套用，如图 5-27 所示
定额计算规则套用	（1）基础梁 JL2 定额计算规则的套用。选择"添加定额"→"查询匹配定额"选项，然后双击定额的相应编码，进行定额的套用。因为在本工程中的基础梁 JL2 混凝土强度等级为 C25，而定额计算规则中只有混凝土强度等级为 C20 的做法，所以在此需要进行定额的换算。选中定额的项目名称，单击▨按钮，在弹出"编辑名称规格"窗口后，将混凝土强度等级 C20 改为 C25 后，单击"确定"按钮，完成基础梁 JL2 定额清单规则的套用，如图 5-28 所示 （2）基础梁 JL3 的选取。在"模块导航栏"中进入"绘图输入"模块，选择"基础"→"基础梁"选项，进入基础梁的定义界面，在"构件名称"中单击需要定义的基础梁 JL3 （3）基础梁 JL3 清单、定额计算规则的选择。在完成基础梁 JL3 的选取后，可在"属性编辑框"面板中看到基础梁 JL3 的有关数据。分析图纸可知，基础梁 JL3 的属性与基础梁 JL1 相同，所以在清单计算规则和定额计算规则的选择上与基础梁 JL1 相同 （4）基础梁 JL3 清单计算规则的套用。选择"添加清单"选项，在广联达软件界面出现空白清单项后，选择"查询匹配清单"选项，然后双击"基础梁"清单项，完成基础梁 JL3 清单计算规则的套用，如图 5-29 所示 （5）基础梁 JL3 定额计算规则的套用。选择"添加定额"→"查询匹配定额"选项，然后双击定额的相应编码，进行定额的套用。因为在本工程中的基础梁 JL3 混凝土强度等级为 C25，而定额计算规则中只有混凝土强度等级为 C20 的做法，所以在此需要进行定额的换算。选中定额的项目名称，单击▨按钮，在弹出"编辑名称规格"窗口后，将混凝土强度等级 C20 改为 C25，然后单击"确定"按钮，完成基础梁 JL3 定额清单规则的套用，如图 5-30 所示 （6）基础梁 250 的选取。在"模块导航栏"中进入"绘图输入"模块，选择"基础"→"基础梁"选项，进入基础梁的定义界面，在"构件名称"中单击需要定义的基础梁 250 （7）基础梁 250 清单、定额计算规则的选择。在完成基础梁 250 的选取后，可在"属性编辑框"面板中看到基础梁 250 的有关数据。分析图纸可知，基础梁 250 的属性与基础梁 JL1 相同，所以在清单计算规则和定额计算规则的选择上与基础梁 JL1 相同 （8）基础梁 250 清单计算规则的套用。选择"添加清单"选项，在广联达软件界面出现空白清单项后，选择"查询匹配清单"选项，然后双击"基础梁"清单项，完成基础梁 250 清单计算规则的套用，如图 5-31 所示 （9）基础梁 250 定额计算规则的套用。选择"添加定额"→"查询匹配定额"选项，然后双击定额的相应编码，进行定额的套用，如图 5-32 所示。因为在本工程中的基础梁 250 混凝土强度等级为 C25，而定额计算规则中只有混凝土强度等级为 C20 的做法，所以在此需要进行定额的换算。选中定额的项目名称，单击▨按钮，在弹出"编辑名称规格"窗口后，将混凝土强度等级 C20 改为 C25 后，单击"确定"按钮，完成基础梁 250 定额清单规则的套用，如图 5-33 所示 （10）基础梁的工程量计算。完成基础梁清单计算规则和定额计算规则的套用及调整后，单击"汇总计算"按钮，在弹出"确定执行计算汇总"对话框后，单击"当前层"按钮，再单击"确定"按钮。在完成计算汇总后，单击"保存并计算指标"按钮，完成首层梁的工程量计算

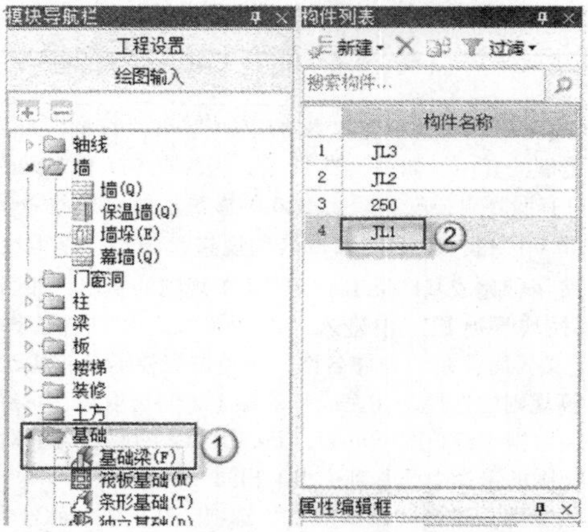

图 5-23　基础梁 JL1 的选取 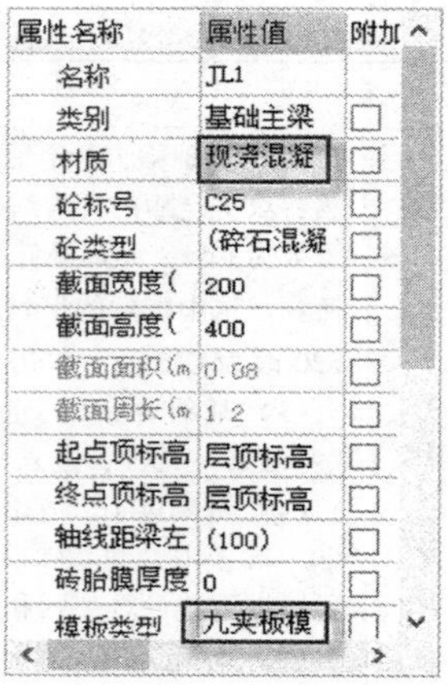　　　　图 5-24　基础梁 JL1 的属性

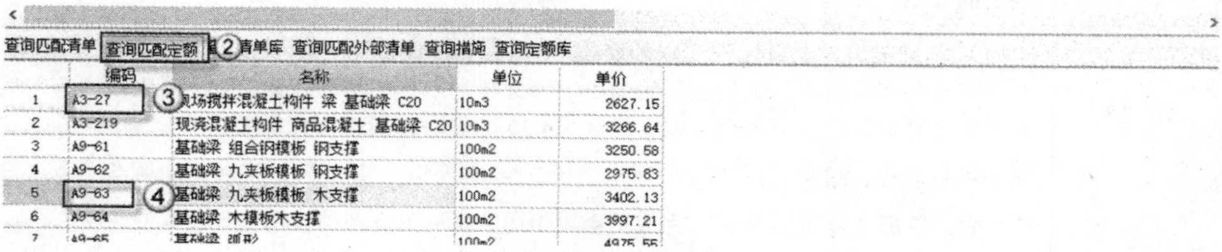

图 5-25　基础梁 JL1 的定额套用

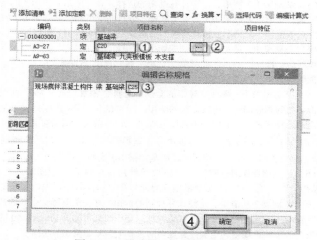

图 5-26　基础梁 JL1 的定额换算

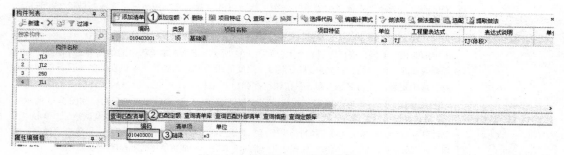

图 5-27　基础梁 JL2 的清单套用

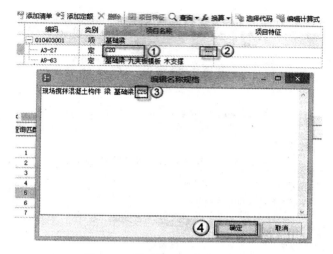

图 5-28 基础梁 JL2 的定额换算

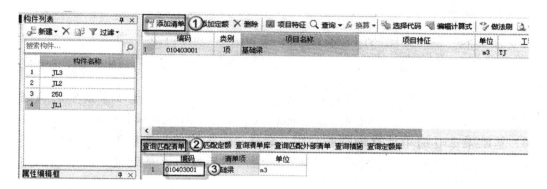

图 5-29 基础梁 JL3 清单计算规则的套用

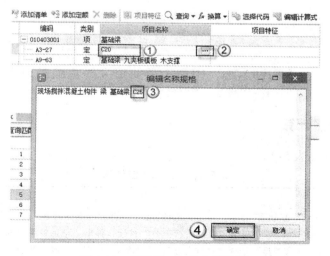

图 5-30 基础梁 JL3 的定额换算

图 5-31　基础梁 250 清单的套用

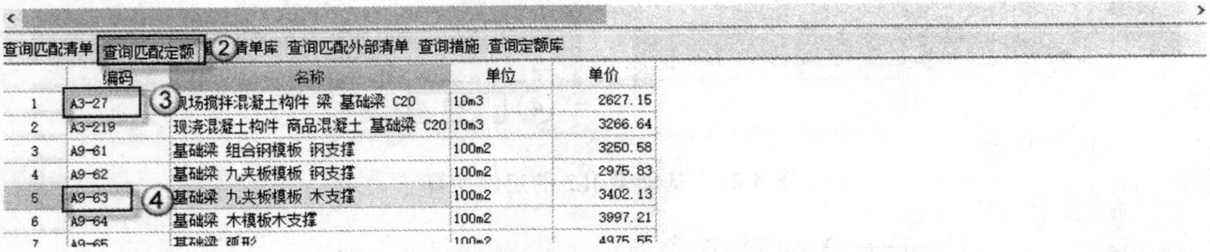

图 5-32　基础梁 250 定额的套用

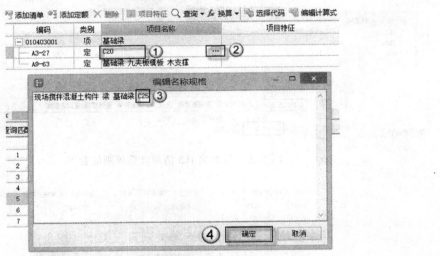

图 5-33　基础梁 250 的定额换算

三、土方工程量计算

土方工程量计算见表5-4。

表 5-4　土方工程量计算

类　　别	内　　容
生成土方	完成"基础梁"构件工程量汇总计算后，选择"绘图"命令，进入绘图界面后，将构件类型切换到"垫层"，单击"自动生产土方"按钮，弹出"请选择生成的土方类型"对话框，其中，"土方类型"选择"基坑土方"，"起始放坡位置"选择"垫层底"，单击"确定"按钮，弹出"生成方式及相关属性"对话框，在其中更改生成方式、生成范围等相关属性后，单击"确定"按钮，完成土方的生成，如图5-34所示

（续）

类　别	内　容
基坑土方 JK-1 的选取	在"模块导航栏"中进入"绘图输入"模块，选择"土方"→"基坑土方"选项，进入基坑土方的定义界面，在"构件名称"中单击需要定义的基坑土方 JK-1，如图 5-35 所示
基坑土方 JK-1 清单计算规则的选择	在完成基坑土方 JK-1 的选取后，根据工程要求可知基坑土方 JK-1 的清单计算规则可以选用编码为 010101003 的"挖基础土方"清单项，其计算规则为按设计图示尺寸以基础垫层底面积乘以挖土深度以体积计算
基坑土方 JK-1 定额计算规则的选择	在"属性编辑框"面板中可以看到基坑土方 JK-1 的有关数据。其中基坑土方 JK-1 的土壤类别为三类土、挖土方式为人工开挖，素土回填方式为夯填。由此可知，基坑土方 JK-1 可以套用编码为 G1-269 的"人工挖基坑土方　人工挖基坑　三类土　深度 6m 以内"定额项，以及编码为 G4-3 的"填方　回填土、夯实及场地平整　填土夯实　槽、坑"定额项
基坑土方 JK-1 清单计算规则的套用	选择"添加清单"选项，在广联达软件界面出现空白清单项后，再选择"查询匹配清单"选项，双击"挖基础土方"清单项，完成基坑土方 JK-1 清单计算规则的套用
基坑土方 JK-1 定额计算规则的套用	选择"添加定额"→"查询匹配定额"选项，然后双击定额的相应编码，进行定额的套用，如图 5-36 所示
其他基坑土方清单、定额计算规则的套用	完成基坑土方 JK-1 清单及定额计算规则的套用后，按住鼠标左键，将其套用的清单、定额计算规则全部选中之后，单击"做法刷"按钮，在弹出"做法刷"窗口后，将基坑土方全部勾选，再单击"确定"按钮，弹出"确认"对话框，单击"是"按钮，完成其他基坑土方的做法套用，如图 5-37 所示
基坑土方的工程量计算	完成所有基坑土方构件清单计算规则和定额计算规则的套用及调整后，单击"汇总计算"按钮，弹出"确定执行计算汇总"对话框，单击"当前层"按钮，再单击"确定"按钮，如图 5-38 所示。在完成计算汇总后，单击"保存并计算指标"按钮，完成基坑土方构件的工程量计算

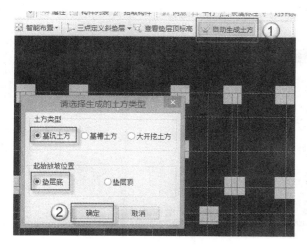

图 5-34　生成土方

图 5-35　基坑土方 JK-1 的选取

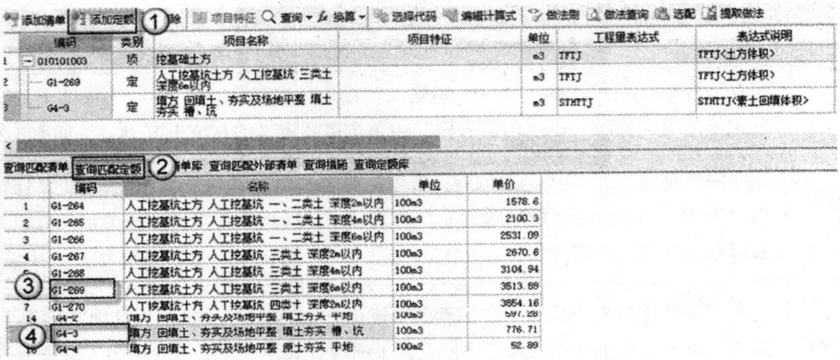

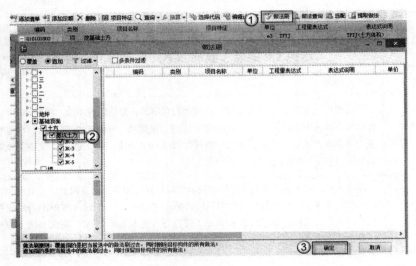

图 5-36　基坑土方 JK-1 的定额套用

图 5-37　其他基坑土方清单、定额计算规则的套用

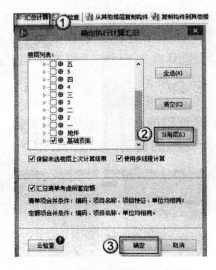

图 5-38　基坑土方的工程量计算

第三节　基于 BIM 技术的广联达软件

一、柱的工程量计算

首层柱的工程量计算见表 5-5。

表 5-5　首层柱的工程量计算

类　别	内　容
柱 KZ1 的做法套用	（1）柱 KZ1 的选取。在"模块导航栏"中进入"绘图输入"模块，选择"柱"→"柱"选项，进入柱的定义界面，在"构件名称"模块中单击需要定义的"KZ1"柱，如图 5-39 所示。打开之后，进入广联达软件界面 （2）柱 KZ1 清单计算规则的选择。在完成柱 KZ1 的选取后，可在"属性编辑框"中看到 KZ1 的有关数据。柱 KZ1 的类别为框架柱，所以在选择清单时，应该选择编码 010402001 的"矩形柱"清单项，其计算规则为：按设计图尺寸以体积计算，不扣除构件内钢筋、预埋铁件所占体积；型钢混凝土柱扣除构件内型钢所占体积；矩形柱的柱高，应自柱基上表面至柱顶高度计算 （3）柱 KZ1 定额计算规则的选择。在"属性编辑框"面板中可以看到柱 KZ1 的材质为现浇混凝土，混凝土强度等级为 C25，模板类型为九夹板模板，如图 5-40 所示。所以应该选择编号为 A3-214 的"现浇混凝土构件　商品混凝土　矩形柱　C20"定额项，其计算规则为：按图示断面尺寸乘以柱高以体积计算。柱高应按照框架柱工程的柱高自柱基上表面（或楼板上表面）至柱顶的高度来计算 按规定，混凝土、钢筋混凝土模板及支撑工程是放在措施费里的，但放在混凝土的清单项下则看起来直观，且两种方法计算的造价是一样的，所以在套用定额的时候可以直接将其套用在混凝土的清单项中 （4）做法套用。套用做法是指构件按照计算规则计算汇总出做法的工程量，以方便进行同类项汇总，同时与计价软件数据接口。构件套用做法可以通过手动添加清单定额、查询清单定额库添加、查询匹配清单定额添加、查询匹配外部清单添加来进行 1）柱 KZ1 的清单套用。选择"添加清单"→"查询匹配清单"选项，然后双击编码为 010402001 的矩形柱清单项，完成柱 KZ1 清单计算规则的套用，如图 5-41 所示 2）柱 KZ1 的定额计算规则的套用。选择"添加定额"→"查询匹配定额"选项，然后双击所选定额的相应编码，进行定额的套用，如图 5-42 所示 3）由于在本工程中柱 KZ1 的混凝土强度等级为 C25，而定额计算规则中只有混凝土强度等级为 C20 的做法，所以在此需要进行定额的换算。选中定额的项目名称，单击按钮，弹出"编辑名称规格"窗口，将混凝土强度等级由 C20 改为 C25，单击"确定"按钮，完成柱 KZ1 定额清单规则的套用，如图 5-43 所示
柱 KZ8a 的做法套用	（1）柱 KZ8a 的选取。在"模块导航栏"中进入"绘图输入"模块，选择"柱"→"柱"选项，进入柱的定义界面，在"构件名称"中单击需要定义的柱名称 KZ8a，如图 5-44 所示 （2）柱 KZ8a 清单计算规则的选择。在完成柱 KZ8a，的选取后，可在"属性编辑框"面板中看到柱 KZ8a 的有关数据，如图 5-45 所示。由图 5-45 可知柱 KZ8a 的类别为框架柱，分析图纸可知柱 KZ8a 的属性与 KZ1 相同，所以在选择清单时，应该选择编码 010402001 的"矩形柱"清单项

（续）

类　别	内　容
柱 KZ8a 的做法套用	（3）柱 KZ8a 定额计算规则的选择。在"属性编辑框"面板中可以看到柱 KZ8a 的材质为现浇混凝土，混凝土强度等级为 C25，模板类型为九夹板模板，分析图纸可知柱 KZ8a 的属性与 KZ1 相同，所以应该选择编号为 A3-214 的"现浇混凝土构件　商品混凝土　矩形柱　C20"的定额项 （4）做法套用 　1）柱 KZ8a 的清单套用。选择"添加清单"→"查询匹配清单"选项，然后双击编码为 010402001 的"矩形柱"清单项，完成柱 KZ8a 清单计算规则的套用，如图 5-46 所示 　2）柱 KZ8a 的定额计算规则的套用。选择"添加定额"→"查询匹配定额"选项，然后双击所选定额的相应编码，进行定额的套用，如图 5-47 所示 　3）由于在本工程中柱 KZ8a 的混凝土强度等级为 C25，而定额计算规则中只有混凝土强度等级为 C20 的做法，所以在此需要进行定额的换算。选中定额的项目名称，单击▦按钮，弹出"编辑名称规格"窗口，将混凝土强度等级由 C20 改为 C25，单击"确定"按钮，完成柱 KZ8a 定额清单规则的套用，如图 5-48 所示
柱 KZ10 的做法套用	（1）柱 KZ10 的选取。在"模块导航栏"中进入"绘图输入"模块，选择"柱"→"柱"选项，进入柱的定义界面，在"构件名称"中单击需要定义的柱名称 KZ10，如图 5-49 所示 （2）柱 KZ10 清单计算规则的选择。在完成柱 KZ10 的选取后，可在"属性编辑框"面板中看到柱 KZ10 的有关数据，如图 5-50 所示。由图 5-50 可知柱 KZ10 的类别为框架柱，分析图纸可知柱 KZ10 的属性与 KZ1 相同，所以在选择清单时，应该选择编码 010402001 的"矩形柱"清单项 （3）柱 KZ10 定额计算规则的选择。在"属性编辑框"面板中可以看到柱 KZ10 的材质为现浇混凝土，混凝土强度等级为 C25，模板类型为九夹板模板，分析图纸可知柱 KZ10 的属性与 KZ1 相同，所以应该选择编号为 A3-214 的"现浇混凝土构件　商品混凝土　矩形柱　C20"的定额项 （4）做法套用 　1）柱 KZ10 的清单套用。选择"添加清单"→"查询匹配清单"选项，然后双击编码为 010402001 的"矩形柱"清单项，完成柱 KZ10 清单计算规则的套用，如图 5-51 所示 　2）柱 KZ10 的定额计算规则的套用。选择"添加定额"→"查询匹配定额"选项，然后双击所选定额的相应编码，进行定额的套用，如图 5-52 所示 　3）由于在本工程中柱 KZ10 的混凝土强度等级为 C25，而定额计算规则中只有混凝土强度等级为 C20 的做法，所以在此需要进行定额的换算。选中定额的项目名称，单击▦按钮，弹出"编辑名称规格"窗口，将混凝土强度等级由 C20 改为 C25，单击"确定"按钮，完成柱 KZ10 定额清单规则的套用，如图 5-53 所示
首层柱的工程量计算	（1）完成首层所有柱清单计算规则和定额计算规则的套用及调整后，单击"汇总计算"按钮，弹出"确定执行计算汇总"对话框，依次单击"当前层"按钮和"确定"按钮，如图 5-54 所示。在完成计算汇总后，单击"保存并计算指标"按钮，完成首层柱的工程量计算 （2）在"模块导航栏"面板中单击"报表预览"栏，弹出"设置报表范围"的对话框，选中首层，再选中"柱"选项，单击"确定"按钮，完成报表范围的设置，再选择"清单定额汇总表"选项，查看首层的柱的清单定额汇总情况，如图 5-55 所示

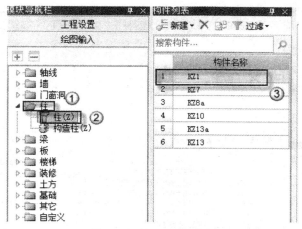

图 5-39　柱 KZ1 的选取

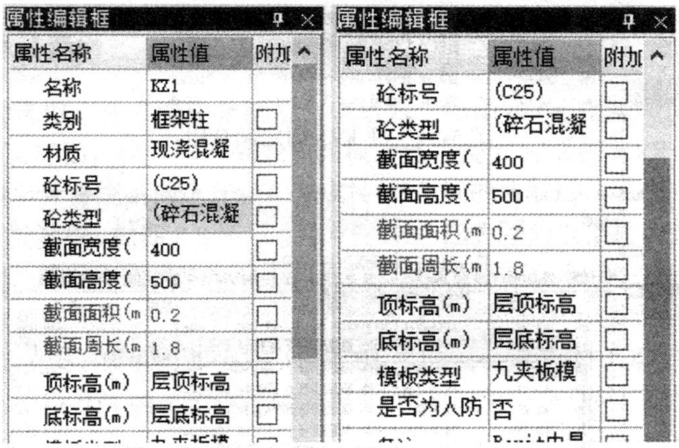

图 5-40　柱 KZ1 属性

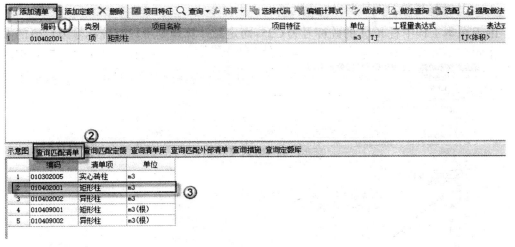

图 5-41　柱 KZ1 套用清单计算规则

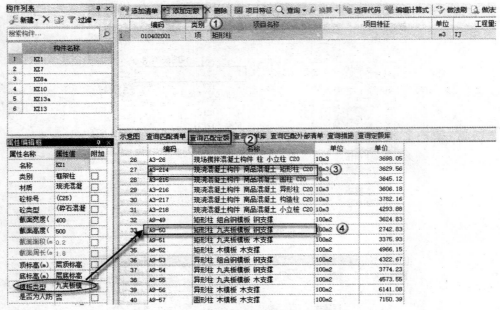

图 5-42　柱 KZ1 的定额套用

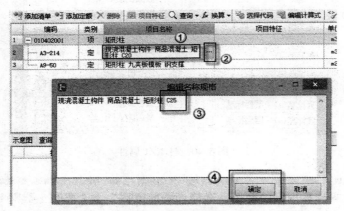

图 5-43　柱 KZ1 定额换算

图 5-44　柱 KZ8a 的选取

图 5-45　构件属性

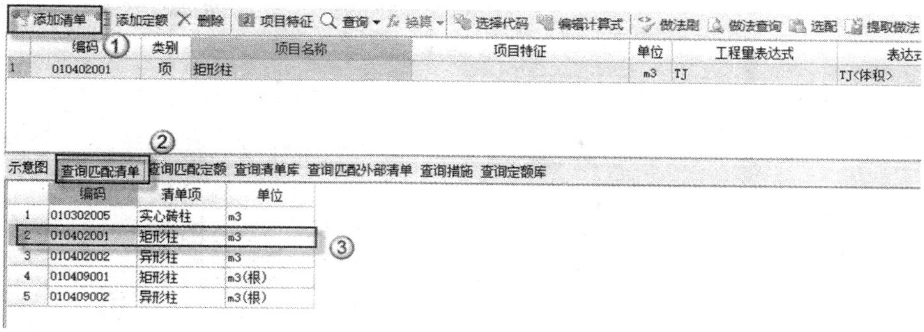

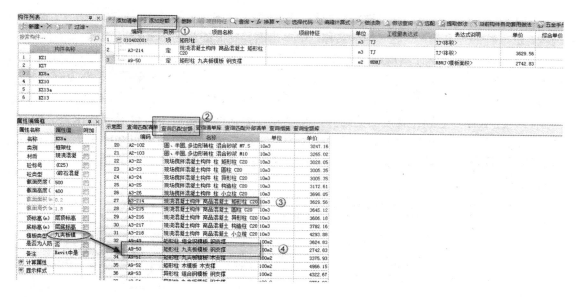

图 5-46　柱 KZ8a 的清单套用

图 5-47　柱 KZ8a 的定额套用

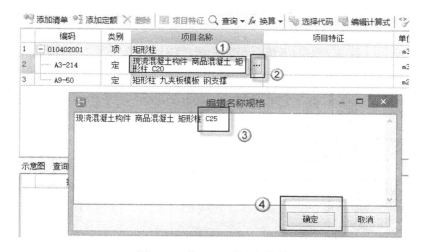

图 5-48　柱 KZ8a 的定额换算

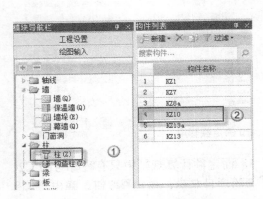

图 5-49　柱 KZ10 的选取

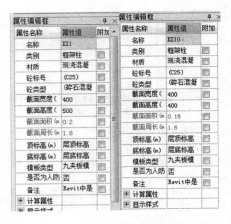

图 5-50　构件属性

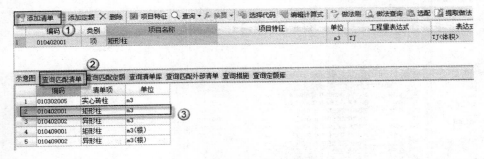

图 5-51　柱 KZ10 的清单套用

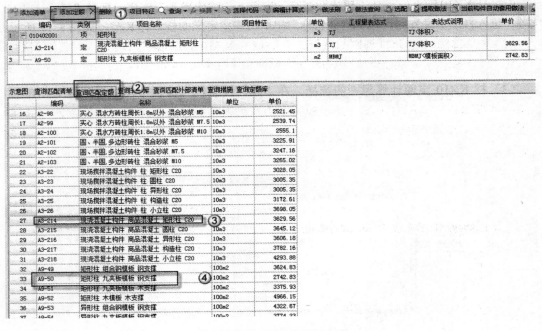

图 5-52　柱 KZ10 的定额套用

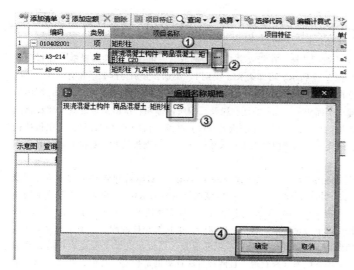

图 5-53 柱 KZ10 定额换算

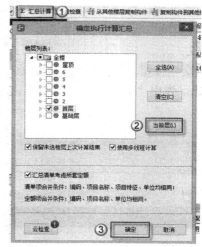

图 5-54 汇总计算（首层柱工程量）

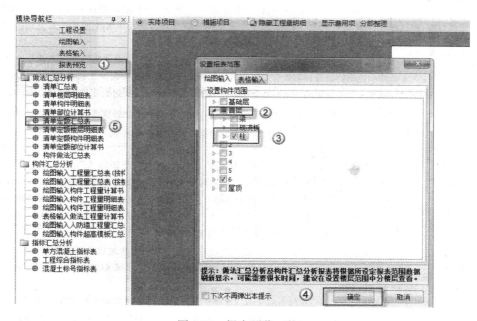

图 5-55 报表预览（柱）

二、梁的工程量计算

梁的工程量计算见表 5-6。

表 5-6 梁的工程量计算

类 别	内 容
梁 KL1	（1）梁 KL1 的选取。在"模块导航栏"面板中进入"绘图输入"模块，选择"梁"→"梁"选项，进入"构件列表"模板，在"构件名称"中单击需要定义的梁 KL1，如图 5-56 所示。打开之后，进入广联达软件界面

（续）

类　别	内　容
梁 KL1	（2）梁 KL1 清单计算规则的选择。在完成梁 KL1 的选取后，可在"属性编辑框"面板中看到 KL1 的有关数据，如图 5-57 所示。可知梁 KL1 类别 1、类别 2 分别为框架梁和有梁板，所以在选择清单时，应该选择编码 010405001 的"有梁板"清单项，其计算规则为：按设计图示尺寸以体积计算，不扣除单个面积≤0.3m² 的柱、垛及孔洞所占体积；压型钢板混凝土楼板扣除构件内压型钢板所占体积；有梁板（包括主、次梁与板）按梁、板体积之和计算，无梁板按板和柱帽体积之和计算；各类板伸入墙内的板头并入板体积内，薄壳板的肋、基梁并入薄壳体积内计算 （3）梁 KL1 定额计算规则的选择。在"属性编辑框"面板中可以看到梁 KL1 的材质为现浇混凝土，强度等级为 C25，如图 5-58 所示。所以应该选择编号为 A3-220 的"现浇混凝土构件　商品混凝土　单梁、连续梁悬臂梁　C20"定额项，其计算规则为：按照图示断面尺寸乘以梁长以体积计算。梁长按以下规定确定：梁与柱连接时，梁长算至柱的侧面；主梁与次梁连接时，次梁长算至主梁的侧面。按规定，混凝土、钢筋混凝土模板及支撑工程是放在措施费里的，但放在混凝土的清单项下则看起来直观，且两种方法计算的造价是一样的，所以在套用定额的时候可以选择直接将混凝土、钢筋混凝土模板及支撑工程量套用在混凝土的清单项中 （4）梁 KL1 清单的套用。选择"添加清单"命令，在广联达软件界面出现空白清单项后，选择"查询匹配清单"命令，双击"有梁板"清单项，完成梁 KL1 清单计算规则的套用，如图 5-59 所示 （5）梁 KL1 定额清单规则的套用。选择"添加定额"→"查询匹配定额"选项，然后双击定额的相应编码，进行定额的套用。由于在本工程中梁 KL1 的混凝土强度等级为 C25，而定额计算规则中只有混凝土强度等级为 C20 的做法，所以在此需要进行定额的换算。选中定额的项目名称，单击▓按钮，弹出"编辑名称规格"窗口，将混凝土强度等级 C20 改为 C25 后，单击"确定"按钮，完成梁 KL1 定额清单规则的套用，如图 5-60 所示
梁 KL2	（1）梁 KL2 的选取。在"模块导航栏"面板中进入"绘图输入"模块，选择"梁"→"梁"选项，进入梁的定义界面，在"构件名称"中单击需要定义的梁 KL2，如图 5-61 所示 （2）梁 KL2 清单、定额计算规则的选择。在完成梁 KL2 的选取后，可在"属性编辑框"面板中看到 KL2 的有关数据，如图 5-62 所示。分析图纸可知梁 KL2 的属性与梁 KL1 相同，所以在清单计算规则和定额计算规则的选择上与 KL1 相同 （3）梁 KL2 清单的套用。选择"添加清单"命令，在广联达软件界面出现空白清单项后，选择"查询匹配清单"命令，双击"有梁板"清单项，完成梁 KL2 清单计算规则的套用，如图 5-63 所示 （4）梁 KL2 定额清单规则的套用。选择"添加定额"→"查询匹配定额"选项，然后双击定额的相应编码，进行定额的套用，如图 5-64 所示。由于在本工程中梁 KL2 的混凝土强度等级为 C25，而定额计算规则中只有混凝土强度等级为 C20 的做法，所以在此需要进行定额的换算。选中定额的项目名称，单击▓按钮，弹出"编辑名称规格"窗口，将混凝土强度等级 C20 改为 C25 后，单击"确定"按钮，完成梁 KL2 定额清单规则的套用，如图 5-65 所示
梁 KL3	（1）梁 KL3 的选取。在"模块导航栏"中进入"绘图输入"模块，选择"梁"→"梁"选项，进入梁的定义界面，在"构件名称"中单击需要定义的梁 KL3，如图 5-66 所示 （2）梁 KL3 清单、定额计算规则的选择。在完成梁 KL3 的选取后，可在"属性编辑框"面板中看到 KL3 的有关数据，如图 5-67 所示。分析图纸可知梁 KL3 的属性与梁 KL1 相同，所以在清单计算规则和定额计算规则的选择上与 KL1 相同

（续）

类　别	内　容
梁 KL3	（3）梁 KL3 清单的套用。单击"添加清单"按钮，在广联达软件界面出现空白清单项后，单击"查询匹配清单"按钮，双击有梁板清单项，完成梁 KL3 清单计算规则的套用，如图 5-68 所示 （4）梁 KL3 定额清单规则的套用。选择"添加定额"→"查询匹配定额"选项，然后双击定额的相应编码，进行定额的套用，如图 5-69 所示。由于在本工程中梁 KL3 的混凝土强度等级为 C25，而定额计算规则中只有混凝土强度等级为 C20 的做法，所以在此需要进行定额的换算。选中定额的项目名称，单击█按钮，弹出"编辑名称规格"窗口，将混凝土强度等级 C20 改为 C25 后，单击"确定"按钮，完成梁 KL3 定额清单规则的套用，如图 5-70 所示
梁 250	（1）梁 250 的选取。在"模块导航栏"面板中进入"绘图输入"模块，选择"梁"→"梁"选项，进入梁的定义界面，在"构件名称"中单击需要定义的梁 250，如图 5-71 所示 （2）梁 250 清单、定额计算规则的选择。在完成梁 250 的选取后，可在"属性编辑框"中看到梁 250 有关数据，如图 5-72 所示。分析图纸可知梁 250 的属性与梁 KL1 相同，所以在清单计算规则和定额计算规则的选择上与梁 KL1 相同 （3）梁 250 清单的套用。选择"添加清单"选项，在广联达软件界面出现空白清单项后，单击"查询匹配清单"按钮，双击"有梁板"清单项，完成梁 250 清单计算规则的套用，如图 5-73 所示 （4）梁 250 定额清单规则的套用。选择"添加定额"→"查询匹配定额"选项，然后双击定额的相应编码，进行定额的套用，如图 5-74 所示。由于在本工程中梁 250 的混凝土强度等级为 C25，而定额计算规则中只有混凝土强度等级为 C20 的做法，所以在此需要进行定额的换算。选中定额的项目名称，单击█按钮，弹出"编辑名称规格"窗口，将混凝土强度等级 C20 改为 C25 后，单击"确定"按钮，完成梁 250 定额清单规则的套用，如图 5-75 所示 （5）至此就完成了首层梁所有清单计算规则和定额计算规则的套用，除了上述方法外，还有前面介绍过的下面两种快速套用定额的方法： 1）做法刷法（仅适用于清单、定额相同的梁）。在完成梁 KL1 清单、定额计算规则后，按住鼠标左键将梁 KL1 做法全部选中，单击"做法刷"按钮。在广联达软件界面弹出"做法刷"窗口后，勾选"梁"选项，单击"确定"按钮，在弹出的"确认"对话框中单击"是"按钮，完成"梁"的做法套用 2）自动套用做法。单击"当前构件自动套用做法"命令，进行当前构件做法的套用。如果在菜单栏中没有找到"当前构件自动套用做法"命令，可单击█按钮 （6）对清单、定额规则套用后一定要检查所套用的规则是否有"工程量表达式"，如果没有，可双击空白的"工程量表达式"栏，在出现█按钮后，单击█按钮，在弹出"选择工程量代码"窗口后，双击清单（定额）对应的"工程量代码"，或者选择"工程量代码"后，单击"选择"按钮，将其添加到工程量表达式中，完成"工程量表达式"选择后，单击"确定"按钮，完成工程量表达式的再次编辑，如图 5-76 所示 （7）首层梁的工程量计算。完成首层所有梁清单计算规则和定额计算规则的套用及调整后，单击"汇总计算"按钮，弹出"确定执行计算汇总"对话框，单击"当前层"按钮，再单击"确定"按钮，如图 5-77 所示。在完成计算汇总后，单击"保存并计算指标"按钮，完成首层梁的工程量计算

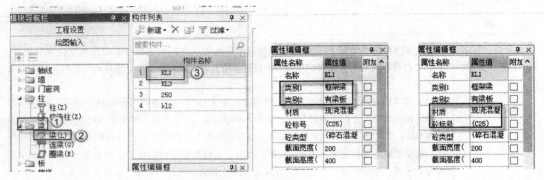

图 5-56　梁 KL1 的选取　　　图 5-57　梁 KL1 属性 1　　　图 5-58　梁 KL1 属性 2

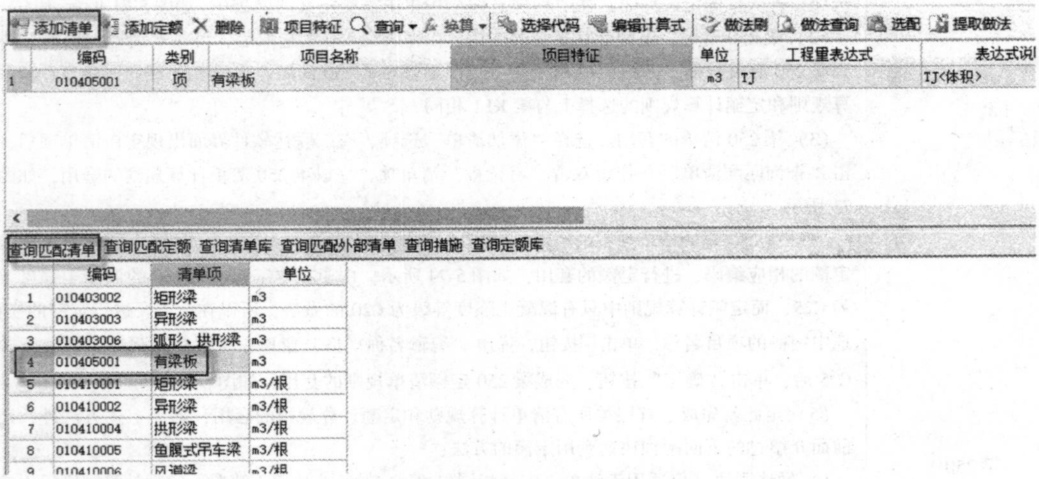

图 5-59　梁 KL1 清单的套用

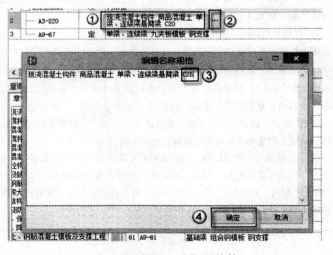

图 5-60　梁 KL1 定额的换算

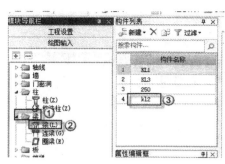

图 5-61　梁 KL2 的选取 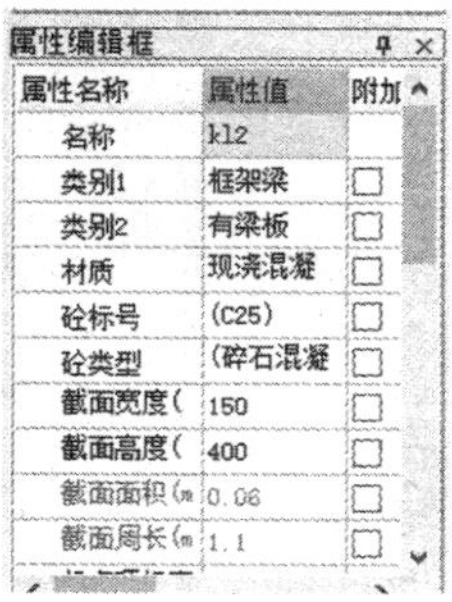　　　　　图 5-62　梁 KL2 属性

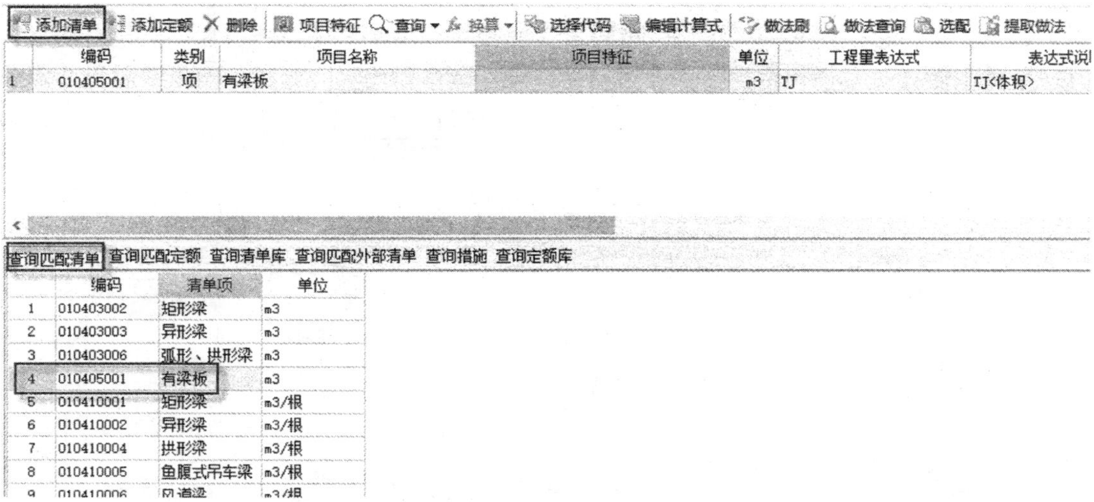

	编码	类别	项目名称	项目特征	单位	工程量表达式	表达式说
1	010405001	项	有梁板		m3	TJ	TJ<体积>

查询匹配清单　查询匹配定额　查询清单库　查询匹配外部清单　查询措施　查询定额库

	编码	清单项	单位
1	010403002	矩形梁	m3
2	010403003	异形梁	m3
3	010403006	弧形、拱形梁	m3
4	010405001	有梁板	m3
5	010410001	矩形梁	m3/根
6	010410002	异形梁	m3/根
7	010410004	拱形梁	m3/根
8	010410005	鱼腹式吊车梁	m3/根
9	010410006	风道梁	m3/根

图 5-63　梁 KL2 清单的套用

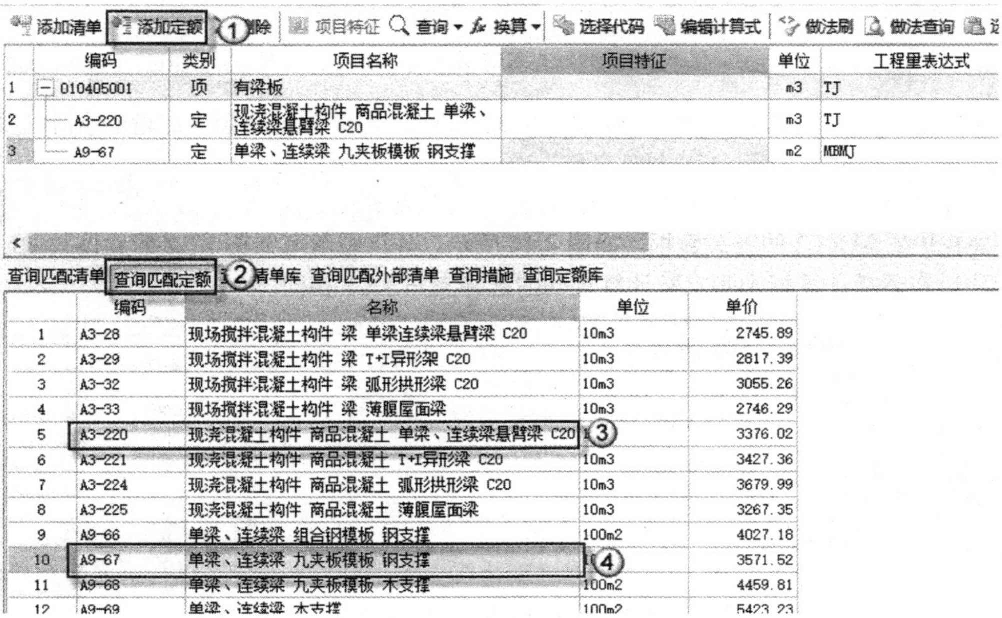

	编码	类别	项目名称	项目特征	单位	工程量表达式
1	— 010405001	项	有梁板		m3	TJ
2	A3-220	定	现浇混凝土构件 商品混凝土 单梁、连续梁悬臂梁 C20		m3	TJ
3	A9-67	定	单梁、连续梁 九夹板模板 钢支撑		m2	MBMJ

查询匹配清单　查询匹配定额　查询清单库　查询匹配外部清单　查询措施　查询定额库

	编码	名称	单位	单价
1	A3-28	现场搅拌混凝土构件 梁 单梁连续梁悬臂梁 C20	10m3	2745.89
2	A3-29	现场搅拌混凝土构件 梁 T+I异形梁 C20	10m3	2817.39
3	A3-32	现场搅拌混凝土构件 梁 弧形拱形梁 C20	10m3	3055.26
4	A3-33	现场搅拌混凝土构件 梁 薄腹屋面梁	10m3	2746.29
5	A3-220	现浇混凝土构件 商品混凝土 单梁、连续梁悬臂梁 C20	10m3	3376.02
6	A3-221	现浇混凝土构件 商品混凝土 T+I异形梁 C20	10m3	3427.36
7	A3-224	现浇混凝土构件 商品混凝土 弧形拱形梁 C20	10m3	3679.99
8	A3-225	现浇混凝土构件 商品混凝土 薄腹屋面梁	10m3	3267.35
9	A9-66	单梁、连续梁 组合钢模板 钢支撑	100m2	4027.18
10	A9-67	单梁、连续梁 九夹板模板 钢支撑	100m2	3571.52
11	A9-68	单梁、连续梁 九夹板模板 木支撑	100m2	4459.81
12	A9-69	单梁、连续梁 木支撑	100m2	5423.23

图 5-64　梁 KL2 定额的套用

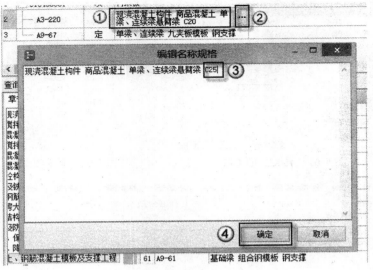

图 5-65　梁 KL2 定额的换算

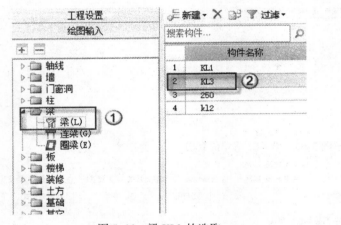

图 5-66　梁 KL3 的选取

图 5-67　梁 KL3 的属性

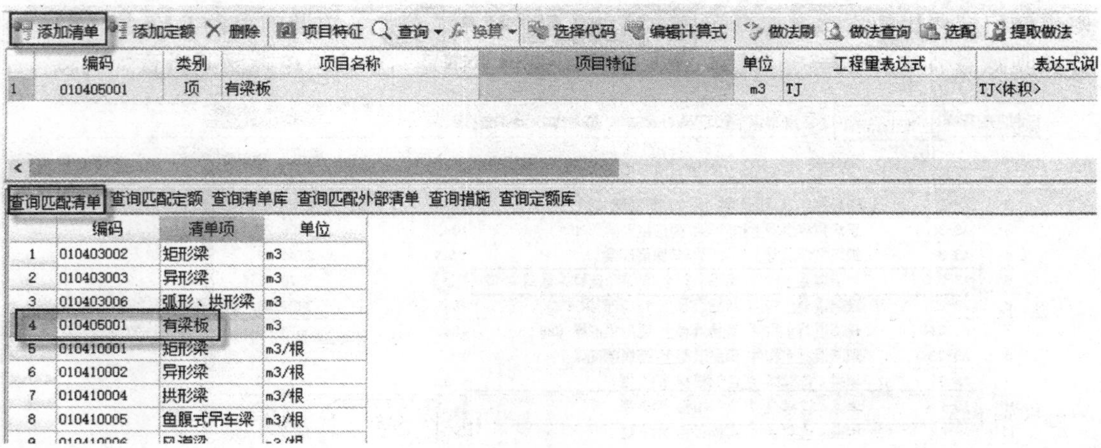

图 5-68　梁 KL3 清单的套用

图 5-69　梁 KL3 定额的套用

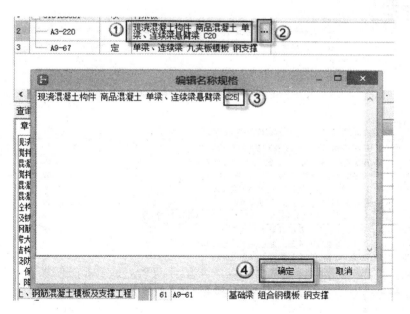

图 5-70　梁 KL3 定额的换算

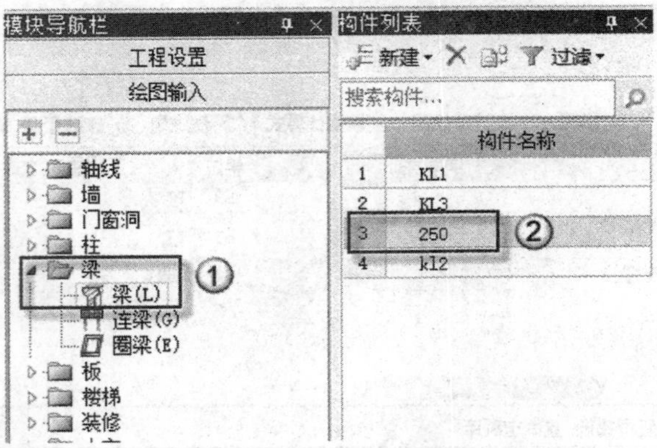

图 5-71 梁 250 的选取

图 5-72 梁 250 的属性

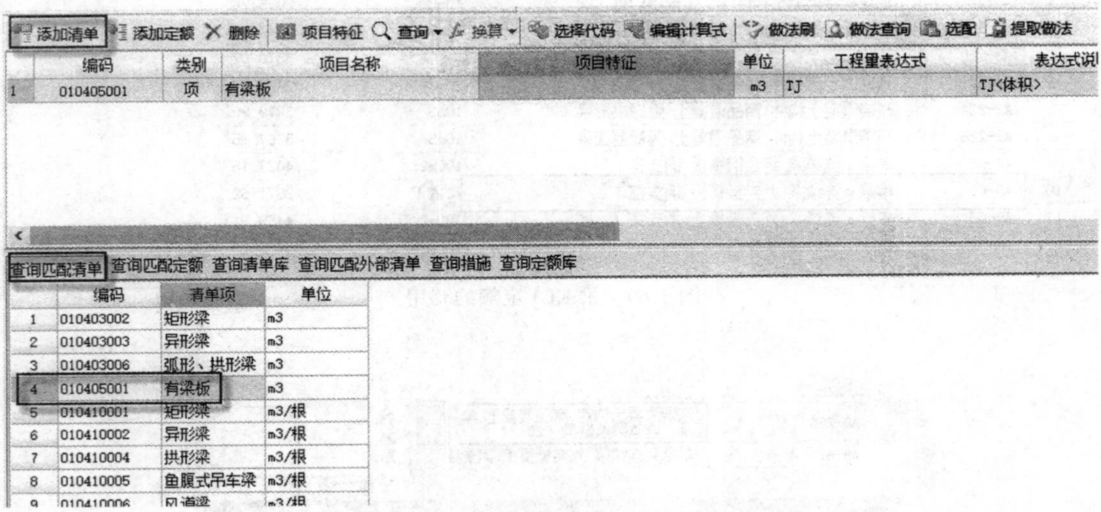

图 5-73 梁 250 清单的套用

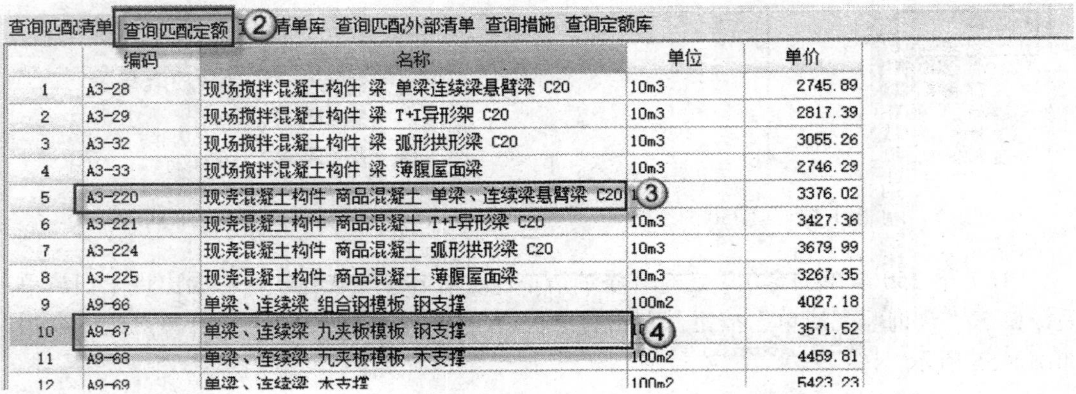

图 5-74 梁 250 定额的套用

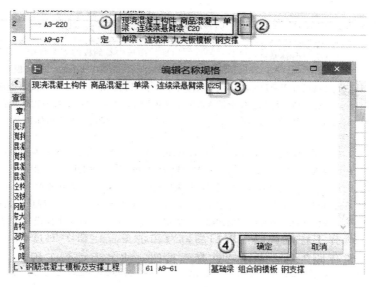

图 5-75　梁 250 定额的换算

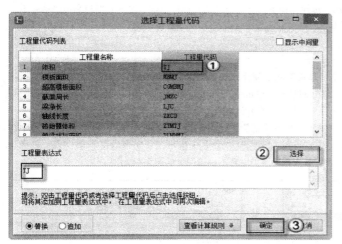

图 5-76　添加工程量表达式（梁的计算）

图 5-77　首层梁汇总计算

三、板、墙的工程量计算

1. 板的工程量计算

板的工程量计算见表 5-7。

表 5-7　板的工程量计算

类　　别	内　　容
1 号板的选取	在"模块导航栏"面板中进入"绘图输入"模块，选择"板"→"现浇板"选项，进入板的定义界面，在"构件名称"中单击需要定义的"1 号板"，如图 5-78 所示。打开之后，进入广联达软件界面，如图 5-79 所示

（续）

类　　别	内　　容
板清单计算规则的选择	在完成板的选取后，可在"属性编辑框"面板中看到板的有关数据，如图 5-80 所示。板的类别为有梁板，所以在选择清单时，应该选择编码 010405001 的"有梁板"清单项。其计算规则为：按设计图示尺寸以体积计算，不扣除构件内钢筋、预埋铁件及单个面积 ≤0.3m² 的柱、垛以及孔洞所占体积；压形钢板混凝土楼板扣除构件内压形钢板所占体积；有梁板（包括主、次梁与板）按梁、板体积之和计算；各类板伸入墙内的板头并入板体积内
板定额计算规则的选择	在"属性编辑框"面板中可以看到板的材质为现浇混凝土，强度等级为 C20，模板类型为九夹板模板，所以应该选择编号为 A3-234 的"现浇混凝土构件　商品混凝土　有梁板　C20"的定额项。其计算规则为：按图示面积乘以板厚以体积计算；应扣除单个面积 0.3m² 以外孔洞所占的体积。有梁板系指梁（包括主、次梁）与板构成一体，其工程量应按梁、板体积总和计算，与柱头重合部分体积应扣除。按规定，混凝土、钢筋混凝土模板及支撑工程是放在措施费里的，但放在混凝土的清单下则看起来直观，且两种方法计算的造价是一样的，所以在套用定额的时候可以直接将其套用在混凝土的清单项中
板的清单套用	选择"添加清单"→"查询匹配清单"选项，然后双击编码为 010405001 的"有梁板"清单项，完成板清单计算规则的套用，如图 5-81 所示 板的定额计算规则的套用。选择"添加定额"→"查询匹配定额"选项，然后双击所选定额的相应编码，进行定额的套用，如图 5-82 所示 其他板套用同上
首层板的工程量计算	（1）完成首层所有板清单计算规则和定额计算规则的套用及调整后，单击"汇总计算"按钮，弹出"确定执行计算汇总"对话框，单击"当前层"按钮，再单击"确定"按钮，如图 5-83 所示。在完成计算汇总后，单击"保存并计算指标"按钮，完成首层板的工程量计算 （2）在"模块导航栏"中单击"报表预览"栏，在弹出"设置报表范围"对话框后，选中首层，然后勾选"现浇板"复选框，之后单击"确定"按钮，完成报表范围的设置，单击"清单定额汇总表"选项，查看首层板的清单定额汇总情况，如图 5-84 所示

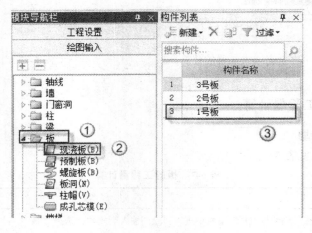

图 5-78　1 号板的选取

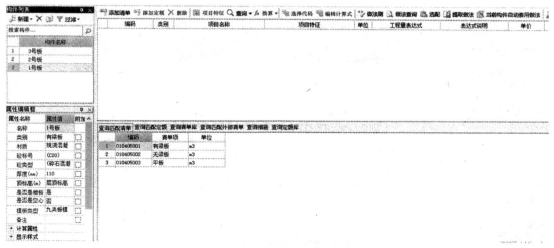

图 5-79 广联达软件界面（板）

图 5-80 1 号板属性

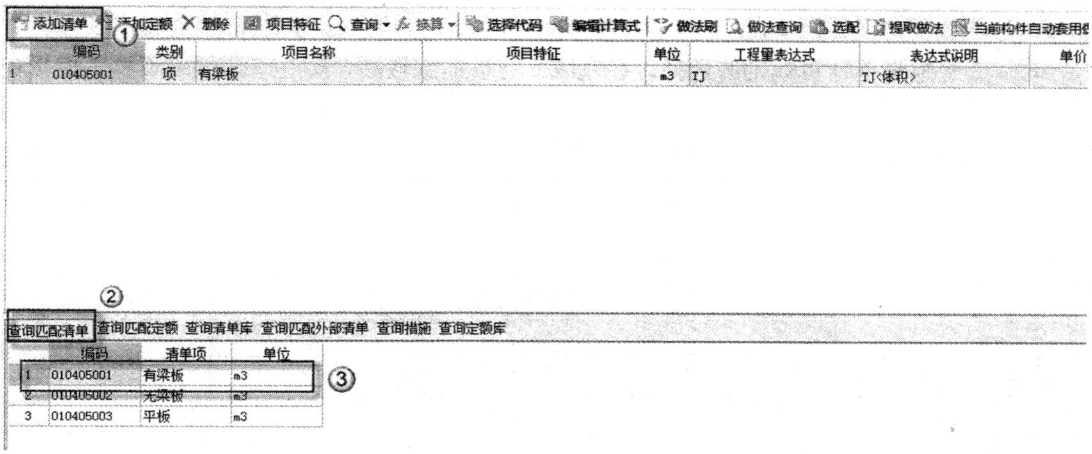

图 5-81 板的清单套用

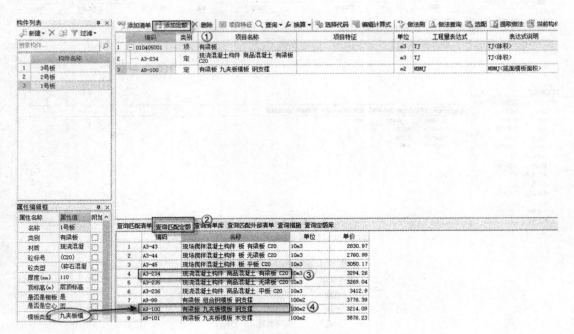

图 5-82　板的定额套用

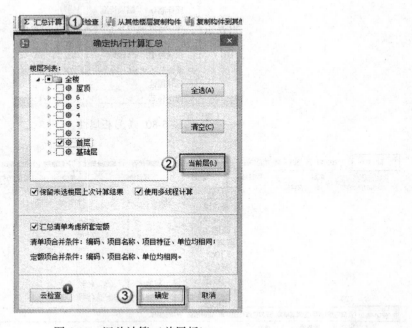

图 5-83　汇总计算（首层板）

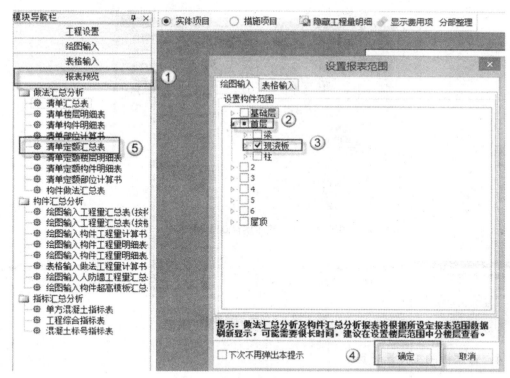

图 5-84 报表预览（首层板）

2. 墙工程量计算（以 200 厚为例）

墙的工程量计算（以 20 厚为例）见表 5-8。

表 5-8 墙的工程量计算（以 200 厚为例）

类 别	内 容
墙的选取	在"模块导航栏"面板中进入"绘图输入"模块，选择"墙"→"墙"选项，进入墙的定义界面，在"构件名称"中选择需要定义的墙"住宅楼-内墙-200 厚"，如图 5-85 所示。打开之后，进入广联达软件界面，如图 5-86 所示
住宅楼-内墙-200 厚清单计算规则的选择	在完成住宅楼-内墙-200 厚的选取后，可在"属性编辑框"面板中看到住宅楼-内墙-200 厚有关数据，如图 5-87 所示。住宅楼-内墙-200 厚的类别为混凝土墙，所以在选择清单时，应该选择编码 010404001 的"直形墙"清单项。其计算规则为：按设计图示尺寸以体积计算；不扣除构件内钢筋、预埋铁件所占体积；扣除门窗洞口及单个面积 $>0.3m^2$ 的孔洞所占体积；墙垛及突出墙面部分并入墙体体积内计算
住宅楼-内墙-200 厚定额计算规则的选择	在"属性编辑框"面板中可以看到住宅楼-内墙-200 厚的材质为现浇混凝土，强度等级为 C20，模板类型为九夹板模板，所以应该选择编号为 A3-226 的"现浇混凝土构件 商品混凝土 直形墙 C20"定额项。其计算规则为：按图示中心线长度乘以墙高及厚度以体积计算，应扣除门窗洞口及单个面积 $0.3m^2$ 以外孔洞所占的体积
住宅楼-内墙-200 厚的清单、定额套用	住宅楼-内墙-200 厚的清单计算规则的套用：选择"添加清单"→"查询匹配清单"选项，然后双击编码为 010404001 的"直形墙"清单项，完成住宅楼-内墙-200 厚清单计算规则的套用，如图 5-88 所示 住宅楼-内墙-200 厚的定额计算规则的套用：选择单击"添加定额"→"查询匹配定额"选项，然后双击所选定额的相应编码，进行定额的套用，如图 5-89 所示

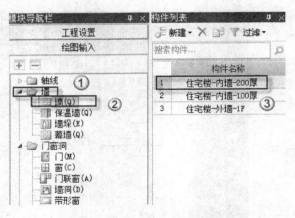

图 5-85　住宅楼-内墙-200 厚的选取

图 5-86　广联达软件界面（墙）

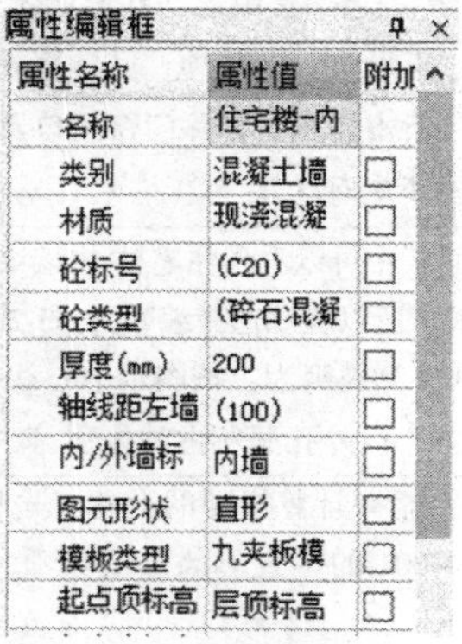

图 5-87　住宅楼-内墙-200 厚属性

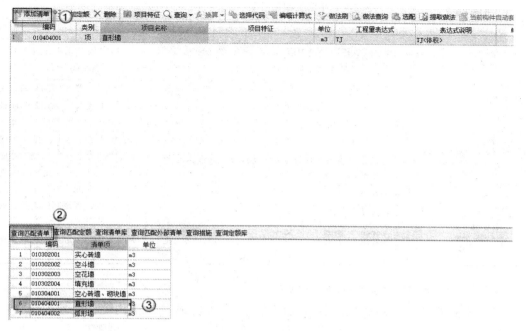

图 5-88 住宅楼-内墙-200 厚的清单套用

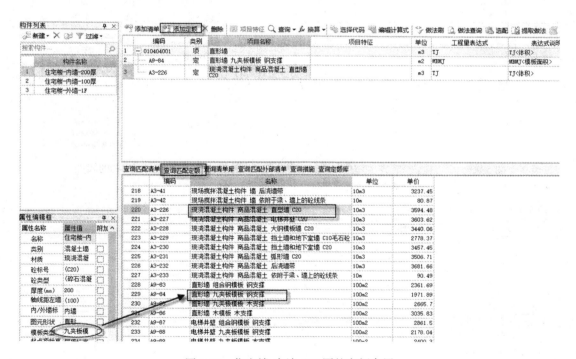

图 5-89 住宅楼-内墙-200 厚的定额套用

3. 外墙工程量计算（以外墙-1F 为例）

外墙工程量计算（以外墙-1F 为例）见表 5-9。

表 5-9　外墙工程量计算（以外墙-1F 为例）

类　别	内　容
住宅楼-外墙-1F 的选取	在"模块导航栏"面板中进入"绘图输入"模块，选择"墙"→"墙"选项，进入墙的定义界面，在"构件名称"中单击需要定义的墙"住宅楼-外墙-1F"，如图 5-90 所示
住宅楼-外墙-1F 清单计算规则的选择	在完成住宅楼-外墙-1F 的选取后，可在"属性编辑框"面板中看到住宅楼-内墙-1F 的有关数据，如图 5-91 所示。住宅楼-外墙-1F 的类别为直形墙，分析图纸可知住宅楼-外墙-1F 的属性与住宅楼-内墙-200 厚相同，所以在选择清单时，应该选择编码 010404001 的"直形墙"清单项
住宅楼-内墙-100 厚定额计算规则的选择	在"属性编辑框"面板中可以看到住宅楼-内墙-100 厚的材质为现浇混凝土，强度等级为 C20，模板类型为九夹板模板。分析图纸可知住宅楼-内墙-100 厚的属性与住宅楼-内墙-200 厚相同，所以应该选择编号为 A3-226 的"现浇混凝土构件　商品混凝土　直形墙　C20"定额项
住宅楼-外墙-1F 的清单、定额套用	住宅楼-外墙-1F 的清单计算规则的套用：选择"添加清单"→"查询匹配清单"选项，然后双击编码为 010404001 的"直形墙"清单项，完成住宅楼-外墙-1F 清单计算规则的套用，如图 5-92 所示 住宅楼-外墙-1F 的定额计算规则的套用：选择"添加定额"→"查询匹配定额"选项，然后双击所选定额的相应编码，进行定额的套用，如图 5-93 所示

图 5-90　住宅楼-外墙-1F 的选取　　　　图 5-91　住宅楼-外墙-1F 的属性

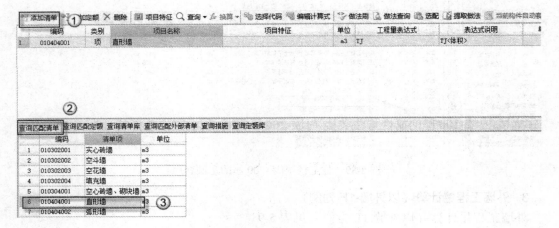

图 5-92　住宅楼-外墙-1F 的清单套用

	编码	类别	项目名称	项目特征	单位	工程量表达式	表达式说明
1	— 010404001	项	直形墙		m3	TJ	TJ<体积>
2	— A9-64	定	直形墙 九夹板模板 钢支撑		m2	MBMJ	MBMJ<模板面积>
3	— A3-226	定	现浇混凝土构件 商品混凝土 直型墙 C20		m3	TJ	TJ<体积>

查询匹配清单　查询匹配定额　查询清单库　查询匹配外部清单　查询措施　查询定额库

	编码	名称	单位	单价
218	A3-41	现场搅拌混凝土构件 墙 后浇墙带	10m3	3237.45
219	A3-42	现场搅拌混凝土构件 墙 依附于梁、墙上的砼线条	10m	80.87
220	A3-226	现浇混凝土构件 商品混凝土 直型墙 C20	10m3	3594.48
221	A3-227	现浇混凝土构件 商品混凝土 电梯井壁 C20	10m3	3603.62
222	A3-228	现浇混凝土构件 商品混凝土 大钢模板墙 C20	10m3	3440.06
223	A3-229	现浇混凝土构件 商品混凝土 挡土墙和地下室墙 C10毛石砼	10m3	2778.37
224	A3-230	现浇混凝土构件 商品混凝土 挡土墙和地下室墙 C20	10m3	3457.45
225	A3-231	现浇混凝土构件 商品混凝土 弧形墙 C20	10m3	3506.71
226	A3-232	现浇混凝土构件 商品混凝土 后浇墙带	10m3	3681.66
227	A3-233	现浇混凝土构件 商品混凝土 依附于梁、墙上的砼线条	10m	90.49
228	A9-63	直形墙 组合钢模板 钢支撑	100m2	2361.69
229	A9-64	直形墙 九夹板模板 钢支撑	100m2	1971.89
230	A9-65	直形墙 九夹板模板 木支撑	100m2	2665.7
231	A9-66	直形墙 木模板 木支撑	100m2	3035.83
232	A9-87	电梯井壁 组合钢模板 钢支撑	100m2	2861.5
233	A9-88	电梯井壁 九夹板模板 钢支撑	100m2	2178.04
234	A9-89	电梯井壁 九夹板模板 木支撑	100m2	2400.3

图 5-93　住宅楼-外墙-1F 的定额套用

4. 首层墙工程量计算

完成首层所有墙清单计算规则和定额计算规则的套用及调整后，单击"汇总计算"按钮，弹出"确定执行计算汇总"对话框后，单击"当前层"按钮，再单击"确定"按钮，如图 5-94 所示。在完成计算汇总后，单击"保存并计算指标"按钮，完成首层墙的工程量计算。

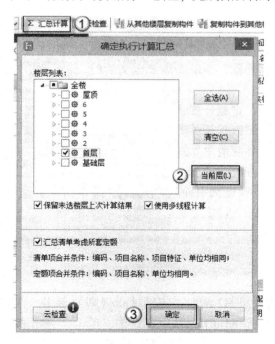

图 5-94　汇总计算（首层墙）

四、门窗、洞口工程量计算

1. 门

（1）地坪层 M1 的选取。在显示栏中将当前层切换为"地坪"后，在"模块导航栏"面板中进入"绘图输入"模块，选择"门窗洞"→"门"选项，进入门的定义界面，在"构件名称"中单击需要定义的门 M1，如图 5-95 所示。

（2）地坪层 M1 清单、定额计算规则的套用。选择"添加清单"选项，在广联达软件界面出现空白清单项后，单击"查询匹配外部清单"选项，双击实木装饰门清单项，如图 5-96 所示。选择"添加

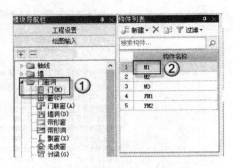

图 5-95　地坪层 M1 的选取

定额"→"查询定额库"选项，在条件查询中输入"夹板门"，单击"查询"按钮，然后双击所需的定额编码，如图 5-97 所示。

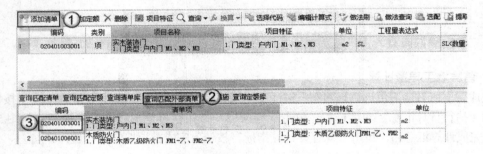

图 5-96　地坪层 M1 的清单套用

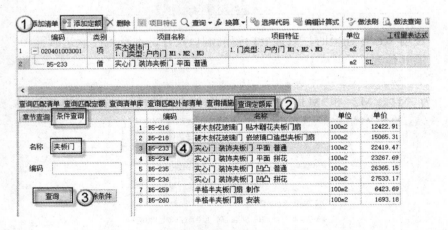

图 5-97　地坪层 M1 的定额套用

（3）其他层 M1 及所有层 M2 清单、定额计算规则的套用。在完成 M1 清单、定额计算规则的套用后，按住鼠标左键将 M1 做法全部选中，单击"做法刷"按钮。在广联达软件界面弹出"做法刷"窗口后，勾选所有楼层 M1 及 M2 构件，单击"确定"按钮，在弹出的

"确认"对话框中单击"是"按钮，完成其他层 M1 及所有层 M2 的做法套用，如图 5-98 所示。

图 5-98 做法刷套用 M1、M2

2. 窗

（1）C1 的选取。在显示栏中将当前层切换为"地坪"后，在"模块导航栏"面板中进入"绘图输入"模块，选择"门窗洞"→"窗"选项，进入窗的定义界面，在"构件名称"中单击需要定义的 C1 窗，如图 5-99 所示。

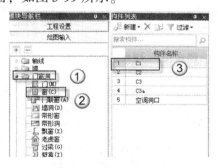

图 5-99 C1 的选取

（2）C1 清单计算规则的选择。在完成 C1 的选取后，根据设计要求，应该选择编码为 020406001 的"金属推拉窗"清单项，其计算规则为按设计图示数量或设计图示洞口尺寸以面积计算。

（3）C1 定额计算规则的选择。在门窗表的备注栏中可以看到，C1 为断桥铝中空玻璃推拉窗（白玻带纱），所以在套用定额项的时候可以选择编码为 B5-152 的"隔热断桥铝塑复合门窗安装 隔热断桥铝塑复合门窗 推拉窗"定额项。

（4）C1 的清单套用。选择"添加清单"→"查询匹配清单"选项，然后双击编码为 C1 的"金属推拉窗"清单项，完成 C1 清单计算规则的套用，如图 5-100 所示。

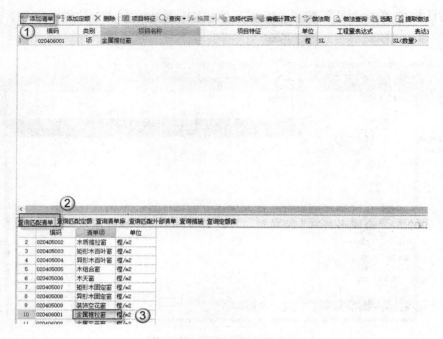

图 5-100 C1 的清单套用

（5）C1 的定额计算规则的套用。选择"添加定额"→"查询定额库"选项，寻找设计所要求的定额，然后双击所选定额的相应编码进行定额的套用，如图 5-101 所示。

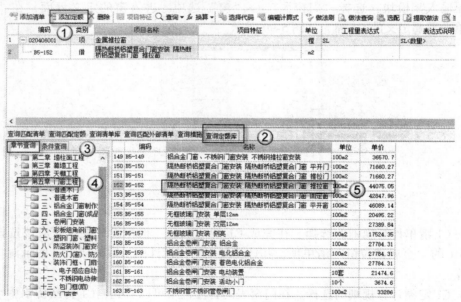

图 5-101 C1 的定额套用

3. 洞口

空调洞口做法套用在完成 C1 清单、定额计算规则的套用后，按住鼠标左键将 C1 做法全部选中，单击"做法刷"按钮。在广联达软件界面弹出"做法刷"窗口后，勾选"空调洞口"构件，单击"确定"按钮，在弹出的"确认"对话框中单击"是"按钮，完成"空调洞口"的做法套用，如图5-102所示。

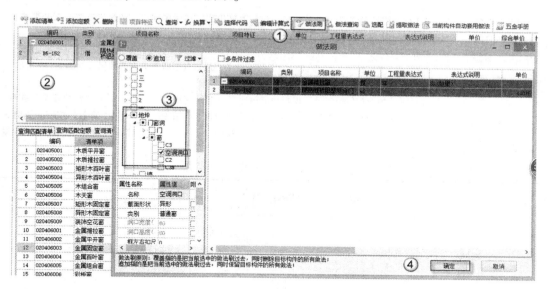

图5-102　空调洞口的做法套用

4. 首层门窗、洞口工程量计算

完成首层所有门窗洞口清单计算规则和定额计算规则的套用及调整后，单击"汇总计算"按钮，弹出"确定执行计算汇总"对话框，单击"当前层"按钮，再单击"确定"按钮，完成计算汇总。然后单击"保存并计算指标"按钮，完成首层门窗、洞口工程量计算。

五、平整场地工程量计算

平整场地是指室外设计地坪与自然地坪平均厚度在±0.3m以内的就地挖、填、找平。平均厚度在±0.3m以外执行土方相应定额项目。其中，工程量按首层建筑面积计算；清单计价按建筑物首层建筑面积计算；定额计价中，平整场地按建筑物首层面积（地下室单层建筑面积大于首层建筑面积时，按地下室最大单层建筑面积）乘以系数1.4以平方米计算，具体见表5-10。

表5-10　平整场地工程量计算

类　别	内　容
平整场地的新建	在显示栏中将当前层切换为"地坪"层，在"模块导航栏"面板中进入"绘图输入"模块，选择"其他"→"平整场地"选项，进入平整场地的定义界面。在"构件列表"面板中单击"新建"按钮，在"属性编辑框"中，将"场平方式"改为"机械"，如图5-103所示，然后进入绘图界面，用点画法的方式绘制平整场地
PZCD-1 的选取	在完成 PZCD-1 的绘制后，在"模块导航栏"面板中进入"绘图输入"模块，选择"其他"→"平整场地"选项，进入平整场地的定义界面，在"构件名称"中单击需要定义的 PZCD-1
PZCD-1 的清单、定额计算规则的选择	清单可以选择外部清单中编码为 010101001001 的"平整场地"清单项，其计算规则为按设计图示尺寸以建筑物首层面积计算；定额可以选择编码为 G4-6 的"填方回填土、夯实及场地平整　平整场地"定额项

（续）

类　别	内　容
PZCD-1 清单 计算规则的套用	选择"添加清单"选项，在广联达软件界面出现空白清单项后，选择"查询匹配外部清单"选项，双击平整场地清单项，如图 5-104 所示
PZCD-1 定额 计算规则的套用	选择"添加定额"→"查询匹配定额"选项，然后双击所需的定额编码，如图 5-105 所示
平整场地构件 工程量计算	完成平整场地构件清单计算规则和定额计算规则的套用及调整后，单击"汇总计算"按钮，弹出"确定执行计算汇总"对话框后，单击"当前层"按钮，再单击"确定"按钮，如图 5-106 所示。在完成计算汇总后，单击"保存并计算指标"按钮，完成平整场地构件的工程量计算 其他层的工程量计算参考首层工程量计算，不再烦赘

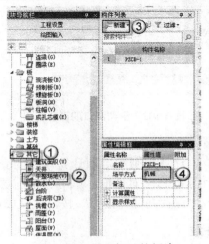

图 5-103　平整场地的新建

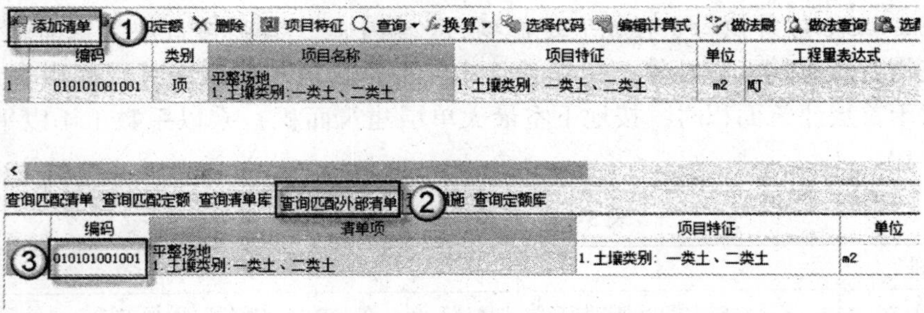

图 5-104　PZCD-1 清单计算规则的套用

图 5-105　PZCD-1 定额计算规则的套用

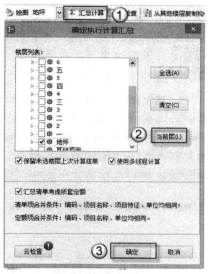

图 5-106 平整场地构件工程量的计算

第四节 基于 BIM 技术的广联达工程项目计价

基于 BIM 技术的广联达工程项目计价见表 5-11。

表 5-11 基于 BIM 技术的广联达工程项目计价

类 别	内 容
调整清单	（1）新建项目的新建标段工程。运行广联达计价软件后，单击"新建项目"按钮，在弹出"新建标段工程"对话框中，输入相应的内容，完成工程信息的编制，然后单击"确定"按钮，完成标段工程的新建，如图 5-107 所示 （2）新建项目的新建单项工程。选择"广联达建筑模板"→"新建单项工程"命令，在弹出的对话框中输入工程名称后，单击"确定"按钮，完成单项工程的新建，如图 5-108 所示 （3）新建项目的新建单位工程。右击单项工程的名称，在弹出的快捷菜单中选择"新建单位工程"命令，弹出"新建单位工程"对话框，根据需要设置单位工程的相关参数，单击"确定"按钮，完成单位工程的新建，如图 5-109 所示 新建项目完成后，广联达软件界面如图 5-110 所示 （4）新建项目的标段结构保护。在完成项目新建后，为防止误操作修改项目结构内容，可右击项目名称，在弹出的快捷菜单中选择"标段结构保护"命令，对该段工程进行保护，如图 5-111 所示 （5）导入土建算量文件。双击单位工程，进入单位工程界面，在导航栏中选择"导入导出"→"预算书 1"选项，在弹出的窗口中选择"导入广联达土建算量工程文件"命令，如图 5-112 所示。在弹出的"导入广联达土建算量工程文件"窗口中单击"浏览"按钮，选择算量文件所在位置，确定无误后单击"导入"按钮，弹出导入成功提示后，单击"确定"按钮完成文件的导入 （6）整理清单。在导航栏中选择"整理清单"→"分部整理"命令，弹出"分部整理"对话框后勾选需要的专业、章、节分部标题，单击"确定"按钮，如图 5-113 所示

（续）

类　　别	内　　容
调整清单	（7）单价构成的费率调整。在对清单项进行整理后，需要对清单的单价构成进行费率调整。在菜单栏中选择"单价构成"→"建筑工程"命令，弹出"管理取费文件"窗口，单击"定额名称"按钮，在弹出的"定额库"中，根据取费专业选择对应取费文件下的对应费率，如图5-114 所示
换算	定额项目的换算就是把定额中规定的内容与设计要求的内容调整到一致的换算过程。一般定额项目的换算可分为4 种换算类型，即工程量的换算，人工、机械系数的调整，定额基价的换算和材料规格的换算。本例中采用最常用的定额基价的换算方式 （1）定额子目的替换。根据清单项目特征的描述，检查所套定额的一致性，如果该清单项套用的定额子目不合适，可单击需要替换的子目后，再单击导航栏的"查询"按钮，在弹出"查询"窗口后，选中想要替换的定额子目编码，单击"替换"按钮，完成定额子目的替换，如图5-115 所示 （2）定额子目的补充。根据清单项目特征的描述，检查所套定额的一致性，如果发现某清单项下，漏套了定额子目，可以单击该清单项，再单击导航栏的"查询"按钮，在弹出"查询"窗口后，单击"定额"按钮，选中所需补充的定额子目，单击"插入"按钮，如图5-116 所示 （3）定额子目的换算。在完成定额子目的替换和补充后，需要按照清单描述对部分定额子目进行换算。在子目换算时，主要包括调整人材机系数，换算混凝土、砂浆等级编号和修改材料名称3 个方面，而本书中的工程只涉及混凝土、砂浆等级编号的换算，在此介绍两种方法来进行换算 第1 种方法：标准换算法。选择需要换算混凝土强度等级的定额子目，单击"标准换算"按钮，再单击"换算内容"按钮，在弹出的下拉列表框中根据需要选择要换算的定额内容项，如图5-117 所示 第2 种方法：批量系数换算法。若清单中的材料进行换算的系数相同时，可以选中所有换算内容相同的清单项，单击常用功能中的"批量换算"按钮，对材料进行换算后，单击"确定"按钮完成系数换算，如图5-118 所示 （4）锁定清单。在完成所有清单的内容补充后，可以将清单项选中后，选择"锁定清单"命令对被选中的清单项进行锁定，这个操作可以避免因操作失误而更改清单内容。锁定之后的清单项不能再进行添加或删除等操作，若要修改，需要先对清单项进行解锁
人材机及措施项目清单计价调整	措施项目清单是为完成工程项目施工，发生于该工程施工前和施工过程中技术、生活、安全等方面的非工程实体项目的清单。招标人提出的措施项目清单是根据一般情况确定的，没有考虑不同投标人的特殊情况，因此投标人在报价时，可以根据本企业的实际情况增减措施项目内容 措施项目清单的通用项目包括：安全文明施工（含环境保护、文明施工、安全施工、临时设施），夜间施工，二次搬运，冬雨期施工，大型机械设备进出场及拆，施工排水、降水，已完工程及设备保护等。措施项目中可以计算工程量的项目清单，宜采用分部（分项）工程工程量清单的方式编制；不能计算工程量的项目清单，以"项"为计量单位编制。按照2013 年清单计价系列规范，模板、大型机械设备进出场费、垂直运输、脚手架等，都包含在措施费中 （1）调整市场价。单击导航栏的"人材机汇总"按钮，进入"人材机汇总"界面，根据工程要求或信息价，对材料的市场价进行调整，如图5-119 所示 （2）调整供货方式。根据工程要求，在"人材机汇总"界面下，单击"供货方"下拉按钮，在弹出的下拉列表框中对供货方式进行选择与修改，如图5-120 所示 （3）锁定市场价。在完成某材料市场价及供货方式调整后，为防止在调整其他材料价格时出现失误，可使用"市场价锁定"功能对修改后的材料价格进行锁定，如图5-121 所示 （4）根据工程要求和定额计算规则，正确选择对应的措施费，在"措施项目"界面下进行编制 如果是从图形软件导入计价软件中，可省略部分措施项目的操作

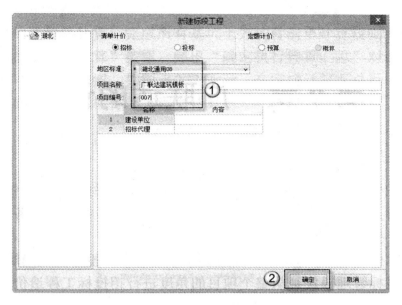

图 5-107 新建标段工程

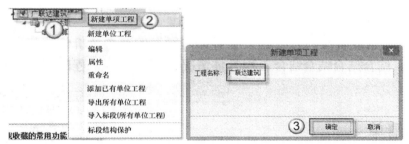

图 5-108 新建单项工程

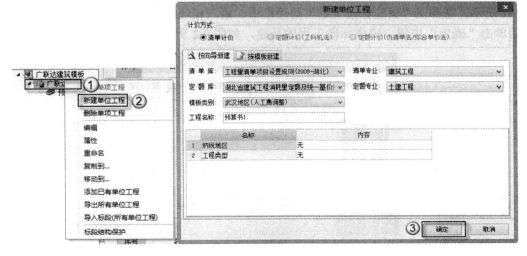

图 5-109 新建单位工程

图 5-110　新建项目完成

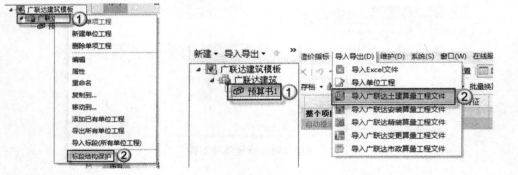

图 5-111　保护标段　　　　　　　　　图 5-112　导入土建算量文件

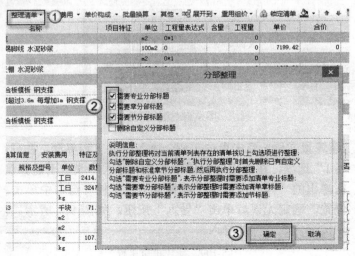

图 5-113　整理清单

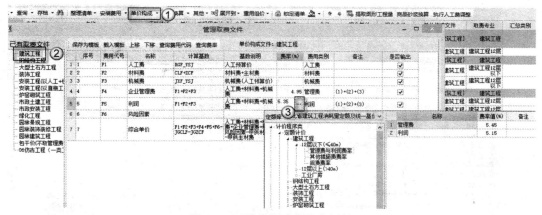

图 5-114　单价构成的费率调整

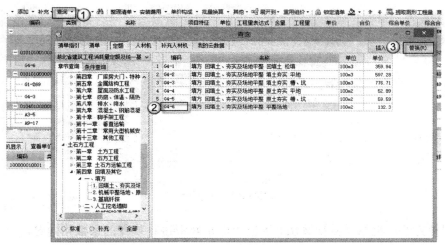

图 5-115　定额子目替换

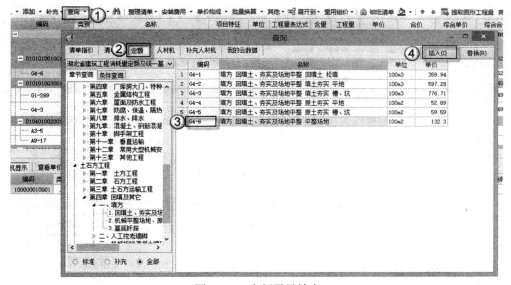

图 5-116　定额子目补充

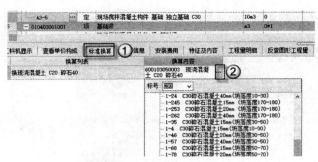

图 5-117　标准换算法

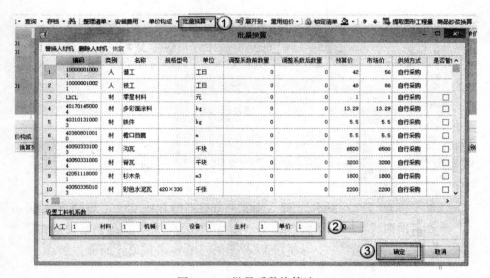

图 5-118　批量系数换算法

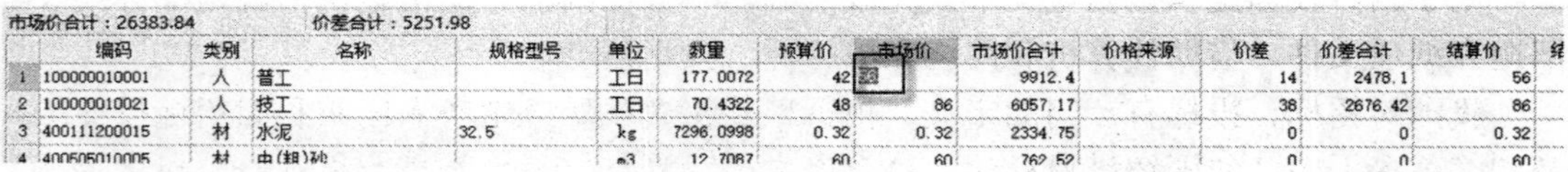

图 5-119　调整市场价

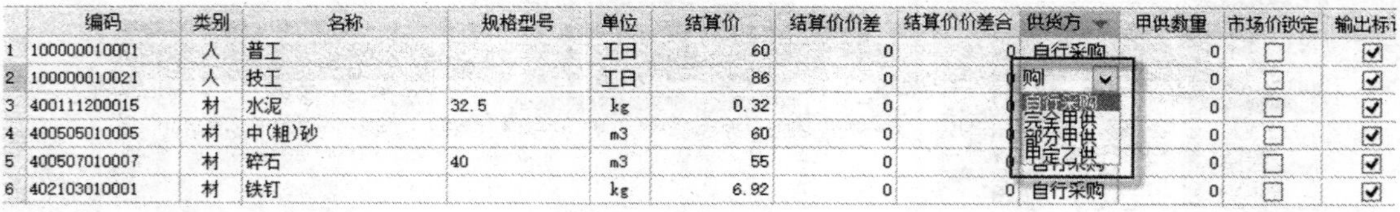

图 5-120　调整供货方式

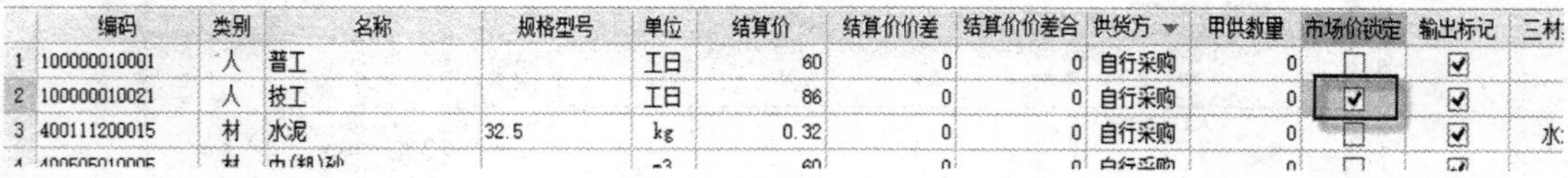

图 5-121　锁定市场价

附录　工程项目工程量计算要点

一、土石方工程量计算要点

（一）土方工程

1. 平整场地

概念：±30cm 以内的挖、填、找平。

计算规则：设计图示尺寸以建筑物首层面积计算。

2. 挖土方

概念：±30cm 以外的竖向挖土和山坡切土，是让自然地坪标高变成设计地坪标高。

计算规则：设计图示尺寸以体积计算（天然密实体积），通常用方格网法进行计算。

3. 挖基础土方

（1）概念

挖沟槽：底宽小于 3m，槽长大于槽宽的 3 倍（条形基础）。

挖基坑：坑底面积小于或等于 20m^2（独立基础）。

大开挖：坑底面积大于 20m^2（满堂、箱形基础等）。

（2）计算规则：设计图示尺寸以体积计算，不考虑工作面和放坡。

1）挖沟槽

$$V = BHL$$

式中　B——垫层宽度；

　　　H——挖土深度，H = 垫层底面标高 – 室内外高差；

　　　L——沟槽（垫层）长度，$L = L_中$，$L_内$ –（$B/2 – b/2$）T 形接头个数。

2）基坑

$$V = ABH$$

式中　A、B——垫层长度、宽度；

　　　　　H——挖土深度，H = 垫层底面标高 – 室内外高差。

3）大开挖：计算同上。

4. 列项注意事项

1）一般情况下，基底钎探（钻探及回填孔）、土方运输不单独列项，应包括在主体项目中。

2）挖基础土方的编码应根据不同的基础类型列项，带形基础根据其不同的底宽和深度编码列项；独立和满堂基础则按不同底面积和深度分别编码列项。

3）为使投标人在编制报价时更能反映工程实际状况，招标人应对项目特征进行必要和

充分的描述，如土壤类别、弃土取土运距、挖土厚度、回填要求等。

4）因地质情况变化或设计变更而引起的工程量的变更，由业主和承包商双方现场认证，依据合同调整。

5）干湿土的划分参见当前最新规则。

6）土石方体积折算系数表参见当前最新规则。

7）编制清单时不考虑施工方法，因此，不再分人工土方工程和机械土方工程（有特殊要求的除外）。

（二）土石方回填

1. 基础回填土

概念：室外地坪下基础部分的回填。

计算规则：设计图示尺寸以体积计算。

2. 室内回填土

概念：回填室内外高差部分。

计算规则：设计图示尺寸以体积计算，主墙间净面积乘以回填厚度，即

$$V = 主墙间净面积 \times 回填厚度$$
$$= (S_底 - L_中 \times 外墙厚 - L_内 \times 内墙厚) \times (室内外高差 - 地面垫层、找平层、面层等厚度)$$

式中　墙厚——承重墙或厚度在 15cm 以上的墙，净面积不扣除垛、附墙烟囱、垃圾道及地沟等面积。

3. 室外回填土

概念：设计室外地坪的回填。

计算规则：用方格网法计算，设计图示尺寸以体积计算，等于回填面积乘以回填厚度。

4. 灰土垫层回填

概念：基础下面的灰土垫层，现与基础分开列项，灰土垫层列此项。

计算规则：设计图示尺寸以体积计算，即

$$V = BhL$$

式中　B——垫层宽度；

　　　h——垫层厚度；

　　　L——沟槽（垫层）长度，$L = L_中$，$L_内 - (B/2 - b/2)$ T 形接头个数。

二、桩与地基基础工程量计算要点

（一）混凝土桩（预制、接桩、灌注）

1. 预制混凝土桩

概念：在工厂进行预制，在现场打入设计位置和深度，多为方桩，空心管桩，30m 以上分节预制。

计算规则：按设计图示尺寸以桩长（包括桩尖）或根数计算。

2. 接桩

概念：分解预制桩要连接，主要有焊接法、硫磺胶泥法焊接。

计算规则：按照接桩头的个数计算。

$$接头个数 = 设计预制桩根数 \times （每段桩节数 - 1）$$

3. 混凝土灌注桩

概念：先在设计的桩位处成孔，再向孔内灌注桩身材料。

计算规则：设计图示尺寸以桩长（包括桩尖）或根数计算。

（二）其他桩

1）砂石灌注桩。

2）灰土挤密桩。

3）旋喷桩。

4）喷粉桩。

计算规则：按设计图示尺寸以桩长（包括桩尖）计算。

（三）地基与边坡处理

1. 地下连续墙

概念：沿工程周边轴线，开挖深槽，放钢筋，浇筑混凝土。

计算规则：设计图示尺寸墙体中心线乘以墙厚以体积计算。

2. 振冲灌注碎石

概念：在地基中注入碎石，与原地基构成复合地基。

计算规则：设计图示尺寸以体积计算。

3. 地基强夯

概念：夯锤压缩土层空隙。

计算规则：设计图示尺寸以面积计算。

4. 锚杆、土钉支护

计算规则：设计图示尺寸以支护面积计算。

（四）几点说明

1）掌握预制桩和灌注桩的施工过程，清单项目中应包括的工程内容，土的级别对桩施工产生的影响。

2）试桩按相应的桩基础项目编码最好单独列项。

3）一般情况下，运桩、打桩、凿桩头、泥浆外运、钢筋笼安装等不单独列项，应包括在主体项目中。

4）理解几个名词：喂桩、送桩、接桩等。

5）桩的钢筋：如灌注桩的钢筋笼、锚杆、锚杆及土钉支护的钢筋网片、预制桩钢筋等在钢筋混凝土工程中列项。

6）本分部工程各项目适用于工程实体。如仅作为深基坑支护时，可以列入措施项目清单中，不应该在分部（分项）工程工程量清单中反映。

7）各类桩的混凝土充盈量在报价时应考虑。

8）注意：打压桩、成孔机械进出场费列入措施项目中。

三、门窗工程量计算要点

1. 概述

（1）门窗工程共包括九部分59个项目，项目组成见表。

（2）门窗中应含油漆、五金等内容。

（3）"特殊五金"项目是指贵重及业主认为应单独列项的五金配件。特殊五金是指拉手、门锁、窗锁等，用途是指具体使用的门或窗，应在工程量清单中进行描述。

（4）门窗以"樘"为计量单位列项时，项目特征中应注意描述门窗的洞口尺寸。

2. 有关项目特征说明

在项目特征说明中，应描述门窗类型、门窗材质、门窗框断面尺寸、品牌、特殊五金名称等内容。

（1）门窗类型是指单扇或双扇、有亮或无亮、半玻或全玻、是否带百页、开启方式（平开、推拉等）

（2）框断面尺寸（或面积）是指立樘截面尺寸，一般选用标准图集做法。

（3）凡是面层材料有品种、规格、品牌、颜色等要求的，应在工程量清单中进行描述。

3. 工程量清单项目及其计算

（1）各类门窗，包括木门、金属门、卷帘门、其他门、木窗、金属窗等，其工程量按设计图示数量以"樘"或设计图示洞口面积以平方米计算。

（2）门窗套按设计图示尺寸展开面积以平方米计算。

（3）窗帘盒、窗帘轨、窗台板按设计图示尺寸以长度以米计算。

（4）门窗套、贴脸、筒子板和窗台板项目应包括底层抹灰，如底层抹灰已包括在墙、柱面底层抹灰内，应在工程量清单中进行描述。

（5）特种五金（业主认为应单独列项时）按图示数量以个（套）计算。

四、砌筑工程量计算要点

（一）砖基础

（1）概念：分为条形基础和独立基础，是砖墙和砖柱的基础。

（2）计算规则：设计图示尺寸以体积计算，T 形接头交接部分体积不扣除。

（3）注意事项

1）砖墙的厚度：半砖墙，115mm；一砖墙，240mm；一砖半墙，365mm。

2）基础垫层若为灰土垫层，按土石方回填列项，套 1-26-1-28 子目。

若为细石混凝土垫层，按垫层列项，套 4-1 子目。

3）不同基础按基础类型、砂浆强度等级不同分开列项。

（二）砖砌体（以实心砖为例）

计算规则：按设计图示尺寸以体积计算

扣除：门窗洞口、混凝土构件（构造柱、柱、过梁、圈梁）、0.3m² 以上孔洞。

不扣除：墙内的预埋铁件、钢筋，0.3m² 以内的孔洞，梁头、梁垫、板头。

增加：砖垛子。

不增加：腰线。

五、混凝土与钢筋工程量计算要点

计算通用规定：设计图示尺寸以体积计算，不扣除构件内的钢筋、铁件所占的体积，0.3m² 内的孔洞体积不扣除，预制构件不扣除 300mm×300mm 以内的单个孔洞。

（一）现浇混凝土基础

现浇混凝土基础包括带形基础、独立基础、满堂基础、设备基础、桩承台等。其工程量按设计图示尺寸以体积计算。

1. 带形基础（有梁式和无梁式）

混凝土带形基础 T 形接头部分不能重复计算，因此

无梁式：　　　　$V =$ 基础断面面积 × 基础长度 + T 形接头部分的体积

有梁式：　　　　$V =$ 基础断面面积 × 基础长度 + T 形接头部分的体积

2. 独立基础

阶梯式：按台阶分层计算（底面积 * 台阶高度）

方锥形：分台形体和矩形体计算，即

台形体：　　　　$V = [AB + (A + a)(B + b) + ab] h/6$

矩形体：　　　　　　$V =$ 底面积 × 高度

3. 满堂基础（有梁式和无梁式）

无梁式：　　　　　　$V =$ 基础底板面积 × 板厚

有梁式：　　$V =$ 基础底板面积 × 板厚 + $\sum$ 梁断面面积 × 梁长

4. 桩承台基础

桩承台基础分为独立式、带式和满堂式承台，类型不同分别列项编码。其工程量按设计图示尺寸以体积计算，不扣除深入桩承台内桩头的体积。

（二）现浇混凝土柱

1. 矩形柱

矩形柱包括矩形柱和构造柱，其工程量按设计图示尺寸以体积以立方米计算。

（1）一般柱

$$V = 柱的断面面积 × 柱高$$

式中，柱高从基础扩大顶面算起；当柱与梁（有梁板）相交时，柱高算至梁顶面，层高；当柱与无梁板相交时，柱高算至柱帽下表面；框架柱算至柱顶高度，即层高。

（2）带牛腿柱

$$V = 柱的断面面积 × 柱高 + 牛腿体积$$

（3）构造柱（按矩形柱列项）

$$V = （构造柱断面面积 + 马牙槎断面面积）× 柱高$$

构造柱按全高计算，嵌接墙体部分（马牙槎）并入柱身体积，构造柱基础并入构造柱体积内，与圈梁相交部分也算入构造柱体积内。

2. 异形柱

异形柱要单独列项，其工程量计算同一般柱，注意断面面积的计算。

注：柱子的类型不同、强度等级不同应分开列项。

（三）现浇混凝土梁

现浇混凝土梁的工程量按设计图示尺寸以体积以立方米计算。

1. 一般梁（基础梁、矩形梁、异形梁）

$$V = 梁的断面面积 × 梁长$$

梁长的计算，当梁柱相交时，遵循"强柱弱梁"原则；主次梁相交时，按交接部分算

给主梁；梁与混凝土墙相交时，按净长计算；梁与混凝土墙相交时，按全长计算（梁头要计算）。

2. 圈梁

$$V = 圈梁的断面面积 \times 梁长（L_{中}，L_{内}）$$

注意扣除深入圈梁内的梁头，与圈梁相交的构造柱体积。

3. 过梁

$$V = 过梁的断面面积 \times 梁长$$

$$梁长 = 洞口宽 + 500mm$$

（四）现浇混凝土墙

现浇混凝土墙分为直形墙和弧形墙。

现浇混凝土工程量按照设计图示尺寸以体积计算，不扣除构件内钢筋、铁件所占的体积，扣除洞口和 $0.3m^2$ 以上的孔洞体积，暗柱、暗梁体积并入到墙体积内计算。

（五）现浇混凝土板

现浇混凝土板的工程量按设计图示尺寸以体积以立方米计算。

（1）有梁板：按梁板体积之和计算（包括主次梁与板）。注意梁高的计算。

（2）无梁板：按板和柱帽之和计算。

（3）平板：按板的净面积 × 板厚计算。

（4）各类板（雨篷、阳台板除外）伸入砖墙内的板头并入板体积内计算。

（5）栏板是楼梯、阳台、雨篷、通廊等侧边弯起的垂直部分，起防护及装饰作用。其工程量按垂直投影面积 × 栏板厚度计算。

（六）现浇混凝土楼梯

现浇混凝土楼梯分为直行楼梯和弧形楼梯。其工程量按设计图示尺寸以水平投影面积以立方米计算，不扣除宽度小于 $0.5m$ 的楼梯井，伸入墙内部分不计算（水平投影面积包括休息平台、平台梁、楼梯与板的连接梁）。

（七）其他

（1）散水、坡道：按设计图示尺寸以面积按平方米计算，不扣除单个 $0.3m^2$ 以内的孔洞所占面积。

$$散水：\quad S = （L_{外} - 台阶宽）\times 宽 + 宽 \times 宽 \times 4$$

散水和坡道要结合建筑设计说明把构造做法描述清楚。

（2）台阶：按设计图示尺寸以水平投影面积以平方米计算。

（3）扶手、压顶：按设计图示尺寸以延长米按米计算。

（4）其余构件：按设计图示尺寸以体积按立方米计算。

（5）预制混凝土构件：其工程量按设计图示尺寸以体积以立方米计算，当预制构件从标准图集上选用时，用图纸上的构件数量乘以每个构件混凝土的含量。

（八）钢筋工程

1. 常见构件钢筋种类

梁：纵向受力筋、弯起筋、架力筋、箍筋、吊筋、腰筋、拉筋。

板：受力筋、分布筋、构造筋、负筋。

柱：纵筋、箍筋。

基础：纵、横向钢筋、插筋。

2. 常用值

保护层厚、纵向受拉钢筋锚固长度、最小搭接长度等见相关规范手册。

3. 工程量计算

（1）非预应力钢筋。非预应力钢筋的工程量按设计图示尺寸长度乘以单位理论重量以吨计算（即其工程量为图纸用量）。

钢筋图纸用量计算公式为

$$G = Lngk$$

式中　L——计算长度；

n——钢筋根数；

g——每米长重量；

k——构件根数。

1）每米长钢筋重量的获取途径有两种，一是查钢筋重量表；二是按 [直径（mm）]² × 0.00617 计算。

2）长度计算 L

①两端无弯钩的直筋

$$L = 构件长 - 保护层$$

②有弯钩（折）的直筋

$$L = 构件长 - 保护层 + 弯钩长（弯折长度）$$

对于 HPB300 钢筋，弯钩长：180°时为 6.25d；135°时为 11.9d。其中，d 为钢筋直径。

③弯起钢筋长度。弯起钢筋的长度计算，可按构件长度减去保护层，加上弯起部分增加的长度及端部的弯钩或弯折长度。

$$L = 构件长 - 保护层 + 端部弯钩长 + 弯起增加长$$

弯起增加长：30°时为 0.27h；45°时为 0.41h；60°时为 0.58h。其中，h = 梁高 - 上下保护层厚。

④箍筋长度。箍筋长度的计算有两种方法。

第一种计算方法：

$$L = （B - 2C + H - 2C）\times 2 - 3 \times 90°弯折度量差值 + 2 \times 135°弯钩保护层厚度 a$$

基础：有垫层时，a = 35mm；无垫层时，a = 70mm。

梁柱：a = 25mm。

板：板厚 < 100mm 时，a = 10mm；板厚 > 100mm 时，a = 15mm。

90°弯折度量差值查相关工程数据表格。

第二种计算方法：　　　　　$L = 构件截面周长 + 调整值$

⑤钢筋的接头。在计算钢筋长度时，还应考虑钢筋的接头情况。对于钢筋的接头长度：按设计图纸规定的搭接长度计算；设计未规定搭接长度的，不在另行计算搭接长度（已包括在定额钢筋的损耗率之内或报价时自行考虑）。

⑥钢筋的锚固。钢筋锚固的长度应计算入钢筋长度中。

3）钢筋的根数计算（n）。

①图纸上直接注明钢筋根数的，已图纸标注为准，如梁、柱中的柱筋。

②以间距表示的，如箍筋、板中的钢筋，根数按下式计算，且取整数。

$$n = （构件长度 - 保护层）/间距 + 1$$

4）施工措施用钢筋。施工措施用钢筋是指施工图纸上未标出，但施工过程中不可避免要用的钢筋，应按其实际用量计入钢筋工程量内。

如现浇构件中固定位置的支撑钢筋，双层钢筋用"铁马"，梁中的垫筋、伸入构件的锚固钢筋、预制构件的吊钩等，计算时要并入钢筋工程量内。

（2）预制构件钢筋。

非标设计：　　　　　　　　　钢筋长度 × 单位理论重量

标准设计：　　　　　　　　　构件图纸数量 × 钢筋含量

参 考 文 献

［1］袁帅. 广联达 BIM 建筑工程算量软件应用教程［M］. 北京：机械工业出版社，2016.

［2］Autodesk Asia Pte Ltd. Autodesk Revit MEP 2012 应用宝典［M］. 上海：同济大学出版社，2012.

［3］朱溢镕，黄丽华，赵东. BIM 算量一图一练［M］. 北京：化学工业出版社，2016.

［4］黄亚斌，徐钦，等. Autodesk Revit 族详解［M］. 北京：中国水利水电出版社，2013.

［5］林庆. BIM 技术在工程造价咨询业的应用研究［D］. 广州：华南理工大学，2014.

［6］欧特克软件（中国）有限公司构件开发组. Autodesk Revit 2013 族达人速成［M］. 上海：同济大学出版社，2013.

［7］莫荣锋，万小华. 工程自动算量软件应用（广联达版）［M］. 武汉：华中科技大学出版社，2015.